地外天体着陆
自主导航与制导

高 艾 崔平远 尚海滨 著

中国宇航出版社

·北京·

图书在版编目（ＣＩＰ）数据

地外天体着陆自主导航与制导 / 高艾，崔平远，尚海滨著 . -- 北京：中国宇航出版社，2022.3

ISBN 978 - 7 - 5159 - 2050 - 4

Ⅰ.①地… Ⅱ.①高… ②崔… ③尚… Ⅲ.①航天器着陆－制导 Ⅳ.①V448.233

中国版本图书馆 CIP 数据核字(2022)第 044496 号

责任编辑　臧程程　　　　**封面设计**　宇星文化

出　版 发　行	**中国宇航出版社**	
社　址	北京市阜成路 8 号	邮　编　100830
	(010)68768548	
网　址	www.caphbook.com	
经　销	新华书店	
发行部	(010)68767386	(010)68371900
	(010)68767382	(010)88100613(传真)
零售店	读者服务部	
	(010)68371105	
承　印	天津画中画印刷有限公司	
版　次	2022 年 3 月第 1 版	2022 年 3 月第 1 次印刷
规　格	880 × 1230	开　本　1/32
印　张	6.125	字　数　176 千字
书　号	ISBN 978 - 7 - 5159 - 2050 - 4	
定　价	68.00 元	

前　言

　　遨游宇宙、探索深空是人类一直以来美好的愿景。1957年世界第一颗人造地球卫星的成功发射，为人类揭开了开拓外层空间的新篇章，随后深空探测也日益成为人类重要的航天活动领域。人类通过对地球以外其他星体的探测，了解行星的起源和演化规律，探索和揭示生命的由来及其在宇宙中的发展，进一步认识地球环境的形成和演变，并为开发空间资源、保护地球免受其他小天体碰撞开辟道路。探测地外天体对人类的持续生存和不断向地球以外的空间扩展有着重要的现实意义。

　　人类已经渡过了深空探测的初级阶段，正在向中级阶段迈进。对地外天体的探测方式也从飞越、交会、绕飞发展到着陆、巡视与采样返回。在地外天体着陆是实现对地外天体近距离观测、研究以及资源开发利用的关键，同时也是获取具有更大科学价值信息的重要途径。近年来，地外天体着陆探测无论在深度还是广度上都取得了巨大的成就，而推动着陆探测发展的原动力则是科学技术的进步。科学技术是人类破解科学难题的手段和工具，而距离地球遥远是实施地外天体着陆探测任务所面临的首要科技难题。早期的地外天体着陆任务，探测器更多地会依赖惯性元件对探测器实现绝对位姿的导航功能，但是由于惯性导航对初始位置的要求以及惯性元件自身的测量误差，会导致着陆时刻着陆器获得的绝对位置和速度存在较大的偏差。同时，地外天体表面的情况复杂，先验信息匮乏，如何及时应对着陆环境的不确知因素也是迫切需要考虑的问题。正是这些问题的出现，促进了自主导航与制导技术的快速发展。

本书围绕地外天体着陆的特殊环境与约束问题，从天体模型、引力场表征、星表特征提取、着陆位姿确定、着陆轨迹规划等多个方面，系统地介绍着陆自主光学导航与制导的基础理论与技术方法，包括基于图像信息的天体建模方法、天体引力场快速预测方法、着陆星表特征提取与处理方法、着陆自主位姿确定方法、安全着陆轨迹规划与制导方法，并通过以实际着陆探测任务为背景，结合着陆过程的不同阶段与不同外界条件，给出了综合导航制导与控制系统典型设计案例。书中既包括地外天体着陆自主导航与制导的基础理论，又含有新颖的自主光学导航与制导系统设计思想与实用方法。本书可供从事深空探测相关工作的研究人员和科技工作者阅读，也可作为高等院校相关专业的教学参考书。

感谢国家自然科学基金（11872110）和北京理工大学"十四五"规划教材出版基金对本书的资助。

本书包含了作者研究团队的相关研究成果，多位已毕业研究生的研究工作为本书的撰写提供了支撑，在此一并致谢。由于作者水平有限，书中难免存在疏漏和不足之处，恳请广大读者不吝指正。

作　者

目　录

第 1 章 绪 论

人类对地外天体的探测脚步从未停止，对月球、小天体、行星的探测研究，推进了人类对宇宙未知的探索，也促进了人类了解地球、太阳系以及宇宙内其他恒星的起源与演化，具有极高的科学价值。各类地外天体含有不同类型的自然资源，包括了水资源、稀有金属资源等，对于资源日渐枯竭的地球，这些地外天体的自然资源对人类生存发展具有重要作用。对地外天体的探测从飞越、交会、绕飞到着陆，每前进一步都对探测器的导航、制导与控制技术提出新的要求，对地外天体的着陆探测可以近距离实现对地外天体的观测与研究，获取巨大信息量，相比飞越、交会与绕飞探测方式，具有的科学价值最高，面临的技术挑战也最大。

对地外天体的着陆探测成功与否，导航与制导策略起着决定性的作用。由于地外天体距离地球遥远，与地面站通信时延会随着距离的增加而增大，而且着陆过程的时间非常短，探测器需要及时对各类突发状况进行处理，这就对导航与制导策略的自主性和鲁棒性提出了很高的要求。早期的地外天体着陆任务，探测器主要依靠惯性元件对探测器实现绝对位姿的导航功能，但由于惯性导航对初始位置的要求以及惯性元件自身的测量误差，会导致着陆时着陆器获得的绝对位置和速度存在较大的偏差。此外，地外天体表面的情况复杂，存在许多对着陆任务造成威胁的障碍地形，需要利用自主导航技术与制导策略对这些障碍进行识别与规避。同时，这些障碍地形也可以作为星表特征，为探测器着陆过程提供导航信标，为着陆过程的导航与制导策略提供支持。利用天体表面的光学信息，实现与地形之间的相对导航，利用星表信息判断着陆地形的安全区域，并进行后续的制导控制，能够弥补惯导系统的缺点，实现精确的定

点着陆功能，是地外天体着陆探测过程导航与制导策略重要的发展
方向。

1.1　地外天体着陆任务

地外天体着陆探测任务可以根据探测的天体类型进行划分。月
球作为地球唯一的自然卫星，是人类进行深空探测的开端，也是人
类目前进行探测活动次数最多的自然天体。除此之外，还有对太阳
系卫星的探测，这类卫星同地球一起围绕太阳运动，天体巨大，表
面含有稀薄大气，还有丰富的自然资源，是人类研究地球起源、寻
找人类新住址的参考对象。在地外空间还有分布广泛、类型众多的
小天体，主要包含小行星与彗星，这类天体体积小、引力小且形状
各异，相对于月球和太阳系的行星而言，对探测任务技术也提出了
新的要求。

1.1.1　月球着陆任务

月球是地球唯一的自然卫星，是距离地球最近的自然天体，一
直是人类观察研究的对象，是人类开展深空探测的首选目标。在 32
亿年前，月球就基本停止了地质活动，无大气，无流水，保持了早
期地质和地貌形态，对于研究地球的产生和演化具有重要的意义。
对月球的探测是人类进行太阳系探索的开端，对人类认知地月空间
和太阳系提供了重要的知识信息；月球还可以作为深空探测、研究
的中继站和空间技术的试验点，月球周围没有大气层的吸收、反射、
散射等干扰，没有电离层和磁层，可以更直接地观测其他星体；月
壳里含有地壳里几乎所有的元素和矿藏，南极区有大量的固态冰存
在，率先掌握月球资源，对于我国科技与工程相关领域的发展具有
战略性的意义（见图 1-1）。月球作为深空探测的起步点，是实现深
空探测突破的第一步，目前许多新兴航天国家和机构也将月球探测
列为深空探测的重点。

图 1-1　月球探测与月球基地构想图

自 1959 年至今，月球探测经历三个时期：第一次探月高潮（1959—1976 年）、宁静期（1976—1994 年）、重返月球（1994 年—21 世纪初的 30 年）。从 1958 年开始到 1976 年，美苏两国的空间竞赛开启了月球探测的序幕，这一时期美国实现了 6 次载人登月，俄罗斯完成了 3 次无人月球采样返回。美国自 20 世纪 60 年代以来，实现了多次的月面软着陆，其着陆精度也不断提高。如：阿波罗 11 号着陆精度 6 945 m、阿波罗 12 号着陆精度 163 m、阿波罗 14 号着陆精度 53 m、阿波罗 15～17 号着陆精度均超过 200 m。21 世纪月球探测的战略目标是建设月球基地，开发利用月球的资源、能源与特殊环境，为人类社会的可持续发展服务。在"克莱门汀"和"月球勘测者"之后，相继出现了欧洲的 SMART-1 计划、日本的"月球-A"和"月神"计划以及印度的月球探测计划。它们均以月球资源探测为主要目标，旨在为未来月球资源开发利用打下基础。纵观世界各国 21 世纪月球探测计划，与初期的月球探测相比较，"重返月球、建立月球基地"的目标更明确，规模更宏大，参与国家更多。

美国于 2004 年提出了"重返月球"计划，旨在建立月球基地，并以此为跳板实现载人火星探测。Altair 号月球着陆器是美国国家航空航天局星座计划的关键组成部分，该计划结合了航天器、运载火箭以及实现重返月球和太阳系其他天体的探测任务。Altair 号月球着陆器原计划在 2020 年以前运送航天员和相关物资至月球表面，但在 2010 年由于经费问题，该计划被取消。然而，美国方面并未完全放弃月球探测，美国国家航空航天局（NASA）在 2014 年发布了"月球货运和软着陆"倡议，旨在寻求与私营公司合作将有效载荷送上月球。NASA 发起的"自主着陆及障碍规避技术"（ALHAT）项目致力于开发出完整的导航制导与控制软硬件系统，为了快速推进"阿尔忒弥斯"（Artemis）计划，NASA 在 2021 年和 SpaceX 公司、蓝色起源公司及动力系统公司进行了合作，制定了新的月球着陆系统方案。

俄罗斯在月球探测上取得了辉煌的成绩。21 世纪初，俄罗斯公布的空间探索计划中，仍将月球探测放在了首位，提出了"月球-水珠""月球-土壤"等一系列任务。尽管近期俄罗斯的深空探测任务由于多种原因被反复延期，但俄罗斯方面始终坚定地将月球探测作为重点，并提出将于 2030 年实现载人月球探测。

欧空局（ESA）在 21 世纪初发布了"曙光"空间探索计划（Aurora Programme）、提出将月球作为火星载人探测的前哨基地。2015 年 5 月，ESA 下任局长宣称最早将于 2024 年在月球背面建立月球基地，目前正在研发月球软着陆技术。日本在 2005 年公布的空间探索规划中指出，将重点开展月球探测和月球资源利用，通过软着陆、采样返回、载人登月 3 个阶段实施月球探测计划。2015 年 3 月，日本宣布将于 2018 年执行月球软着陆任务"月球探测小型着陆器"（Smart Lander for Investigating Moon，SLIM），旨在实现百米级的精确软着陆，这项计划目前被推迟到了 2022 年，配合美国着陆器进行发射。印度在 2019 年发射了月球 2 号探测器，但探测器到达月球表面后与地面失联。韩国计划在 2022 年发射月球探测器。

我国是第 3 个实现月球软着陆和巡视探测任务的国家。自 2007 年发射嫦娥一号实现绕月探测以来，我国也执行了多次对月球的探测任务，其中包括对月球的着陆探测，2013 年嫦娥三号实现月面软着陆，2019 年 1 月 3 日嫦娥四号在月球背面成功着陆，实现了世界上首次月球背面软着陆和巡视探测。2020 年 12 月，嫦娥五号成功在月球正面着陆，并传回着陆影像图。嫦娥五号任务的圆满成功标志着我国探月工程"绕、落、回"三步走计划的成功实现（见图1-2）。

图1-2 我国探月工程"绕、落、回"三步走战略

1.1.2 小天体着陆任务

小天体主要包括小行星与彗星，数量多、空间分布广、类型众多。在科学探索方面，许多小天体由于演化程度小，保留了早期太阳系起源、形成与演化时的重要信息，是研究太阳系起源的"活化石"，对研究地球的形成、演化和生命起源具有重要意义。此外，小天体富含的稀缺资源可能成为未来开发和利用的宝库。在工程技术方面，小天体探测对航空航天技术提出了更高的要求，实现探测任务的过程会带动通信、材料、计算机等基础学科的发展和技术突破，极大提升我国的自主创新能力，对国防建设以及国民经济发展具有重要的战略意义。同时，小天体对地球的威胁巨大，破坏力足以毁

灭人类文明，掌握小天体的各项物理参数，推断行星轨道的变化规律，预测其撞击地球的可能性，从而可以及时采取措施消除危险。随着航天技术的不断发展和空间科学研究目标的不断提高，小天体探测由早期的飞越、环绕探测，逐渐发展到目前的撞击、附着与采样返回等探测方式。

　　从 20 世纪 70 年代起，随着科学技术的发展，人类开始利用航天器近距离观测小天体。截至目前，世界各国共实施了 15 次小天体探测，在这些探测活动中，5 次为采样探测任务。2001 年 2 月，美国 NEAR 探测器成功附着于 433 Eros 小行星表面，成为首个在小天体表面附着的探测器。NEAR 首先对 Eros 小行星进行了为期一年的环绕探测，之后完成了对 Eros 的附着任务。"星尘"（Star - dust）、"隼鸟"（Hayabusa）、"隼鸟-2"（Hayabusa - 2）及"欧西里斯"（OSIRIS - REX）等探测器执行采样返回探测任务。"星尘"采用飞越方式收集了彗尾的部分物质及星际尘埃。2005 年 11 月，日本 Hayabusa 探测器自主附着于 25143 Itokawa 小行星表面，并于 2010 年 6 月携带收集到的小行星样本成功返回了地球。Hayabusa 任务对弱引力环境下的自主光学导航与控制技术进行了验证，首次利用自主导航与控制技术实现了小天体表面附着。该任务采用了基于光学导航相机和激光雷达的自主导航方案，并在下降过程中投放人工信标，利用导航相机对人工信标进行跟踪以消除水平速度。任务采用了"接触-分离"（Touch And Go，TAG）附着方式，在小行星表面短暂附着并采集样品，之后上升离开。Hayabusa 携带了一个小型跳跃式表面巡视器 MINERVA，但释放时因速度略超过了逃逸速度而投放失败。与 NEAR 不同，Hayabusa 采用了悬停方式对小行星进行观测，然后从悬停位置下降附着在小行星表面。2014 年 11 月，欧空局发射的 Rosetta 探测器成功释放着陆器"菲莱"（Philae），Philae 随后缓慢附着于 67P/Churyumov - Gerasimenko 彗星表面，首次实现了彗星表面附着。Philae 采用了无控的弹道式下降，以及冷气推进与锚定结合的固定方式，但由于冷气推进与锚定装置均发生故障，着陆器在彗星表面发生了 2 次反弹，最终落入光照缺乏区域，在电池电量耗尽后无法充电而进入休眠状态。随着彗星接近太阳而使光照条件改善，地面站曾于 2015 年 6—7 月间断性地接收到着陆器信号，但此后再次失去联系。"隼鸟-2"及"欧西里斯"采用了接触即走的方式收集了小天体表层物质，"欧西里斯"小行星采样返回任务已完成采样等在轨操作，正在执行返回任务。

此外，美国已和欧洲合作实施"小行星撞击与偏转评估任务"（AIDA），并在 2021 年 11 月实现小行星防御测试任务 DART 的发射，预计将对小行星进行撞击，并观察之后的轨道变化。这将是人类历史上第一个尝试完成偏转小行星轨道的任务。

我国的"嫦娥二号"卫星在完成月球探测任务和日地拉格朗日 L2 点的拓展任务后，对图塔蒂斯（Toutatis）小行星进行了国际首次近距离飞越探测，我国成为第四个对小行星开展探测的国家（见图 1-3）。我国"2030 年前深空探测规划论证"提出了在 2024 年前后进行多任务小行星探测的深空规划。

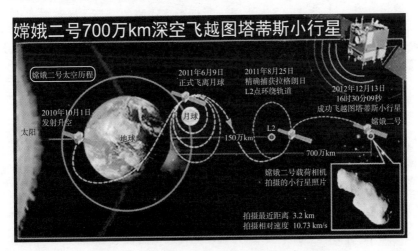

图 1-3 "嫦娥二号"飞越 Toutatis 小行星

1.1.3　行星着陆任务

行星与地球一同绕太阳做开普勒轨道运动，无论是大小还是表面环境，都与地球更为接近，也是人类最先联想到的新居所。一方面，对行星进行探测，能够更好地研究地球的起源与演化，具有极高的科学价值。另一方面，对于行星的着陆探测，需要考虑到其表面的大气环境，以及复杂的地形地貌，对探测器的推进系统和自主导航控制能力都有较高的要求，推动了这些领域科学技术的发展。

人类目前已实现了对金星和火星的着陆探测，对其他各大行星的探测任务以飞跃或绕飞方式为主。对金星的着陆探测任务，着陆任务次数在 10 次以上，其中 Venera 3 是人类历史上第一个着陆于外行星的探测器，但是 Venera 3 在着陆后与地面失去联系，Venera 7 是第一个在着陆后返回行星数据的探测器。火星作为太阳系内结构和环境最接近地球的行星，始终是最受关注的行星探测目标。20 世纪 60 年代，人类拉开了对火星进行近距离探测的序幕，探测方式也随着空间技术水平的提高，由飞越、绕飞探测向着陆、巡游探测发展。其中具有代表性的火星着陆探测任务有美国的海盗号（Viking）、火星探路者（Mars Pathfinder，MPF）、勇气号（Spirit，MER‑A）、机遇号（Opportunity，MER‑B）、凤凰号（Phoenix）和 2011 年 11 月发射的好奇号（Curiosity）以及 ESA 的火星快车（Mars Express）/猎兔犬 2 号（Beagle 2）等。美国的洞察号和毅力号火星车也分别在 2018 年和 2021 年成功着陆火星，洞察号的任务是对火星内部进行热状态考察，毅力号用于搜寻火星生命曾存在的证据。

21 世纪以来多个国家提出了火星载人探测任务，欲将人类的活动疆域扩展至火星（见图 1‑4）。美国在 21 世纪初就提出了覆盖太阳系主要天体、长远目标实现载人火星探测的中长期规划。美国计划 2030 年前后实现载人火星探测，美国的载人火星探测任务，将首先执行机器人先驱任务，并完成火星采样返回任务；然后，结合月球或载人小行星探测任务完成载人火星探测的空间技术验证；最后，实现火星的载人探测任务。在最终完成载人火星探测前，小行星探测等众多任务都为载人火星探测做技术准备。

图 1-4　载人火星探测与火星科研站构想图

欧洲在 2004 年发布了"曙光"计划，提出在 21 世纪 30 年代中期实现载人火星探测的长期目标。该计划的核心为火星探测，并将通过建立月球前哨基地进行载人火星任务的技术开发和验证，最终实现载人火星探测。ESA 已与俄罗斯正式签署协议并共同实施"火星生命探测计划"（ExoMars）任务。然而"ExoMars 2016"火星探测任务由于在着陆过程中减速推进器提前关闭导致着陆器失速坠毁，但此事并没有影响 ESA 继续推进 ExoMars 第二阶段任务，计划在 2022 年发射"ExoMars 2022"，对火星进行着陆探测。

俄罗斯除了参与欧洲的 ExoMars 项目之外，还计划于 2025 年再次实施"火卫一－土壤"（Phobos-Grunt）火卫一采样返回任务。日本的"火星卫星探测计划"将于 2024 年发射 MMX 火星探测飞船，计划从火卫一取样并于 2029 年返回地球，这就是日本的火星探测 MMX 计划。日本宇宙航空研究开发机构（JAXA）解释说，探测飞船将在火卫一上着陆数小时，以便使用取芯设备获取至少 10 g 的表面材料。阿联酋在 2020 年发射了希望号火星探测器，对火星大气层进行检测和研究[19]。韩国提出于 2026 年和 2030 年发射火星轨道器和着陆器。

我国在 2020 年 7 月 23 日在文昌航天发射场利用长征五号将天问一号送入太空。天问一号在 2021 年 2 月到达火星附近，5 月成功着陆火星，并由祝融号火星探测车进行巡视探测等工作，直接完成了对火星探测的"绕-落-巡"三步走，实现了中国在深空探测领域的技术跨越（见图 1-5）。

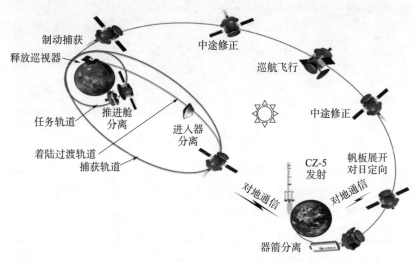

图 1-5 我国火星"绕-落-巡"一体化探测任务示意图

1.1.4 地外天体着陆任务特点

对地外天体的着陆探测，人类经历了许多失败的考验，也获取了更多成功的经验。只有对各类天体着陆任务的特点分析透彻，并有针对性地设计着陆导航与制导策略，才能应对各类天体着陆过程可能出现的情况。

地外天体着陆任务普遍的特点是需要探测器的导航与制导系统具有高度的自主性，无论是月球、小天体还是行星，天体着陆过程时间都很短，并且探测器与地面通信时延会因天体与地球距离的增加而增长，无法利用地面控制站对探测器下达实时指令，探测器的导航、制导与控制系统需要能够根据着陆段发生的各种情况自主地做出操作反应，确保着陆任务的安全完成。NASA 的 "ALHAT" 计划中最重要的部分就是实现对月表障碍进行自主检测、着陆器着陆过程的障碍规避与着陆点选取。嫦娥五号在着陆过程中采用了光学粗避障加激光精避障的两级接力避障模式，实现了自主障碍检测与规避。Muses - C 不仅是人类历史上第一个通过自主导航控制成功着陆于小行星的探测器，也是第一个从除了月球外的天体表面上升进入返回轨道的探测器。该探测器由日本宇宙航空研究开发机构开发研制，其关键技术之一就是高精度的自主光学导航技术，该技术可以使探测器在脱离地球测控信息的环境条件下实现对目标天体的精确接近过程。这些对地外天体的着陆探测任务，都强调了脱离地球控制的导航与制导策略，并利用天体自身的信息实现自主的着陆探测。

地外天体着陆任务另一个普遍的特点是探测器在着陆过程中需要应对各类天体表面复杂的地貌地形，不仅存在众多的陨石坑和岩石，还有山脉与沟壑等危险地形，探测器在着陆段需要利用自身携带的主动被动敏感器对天体表面进行障碍检测，同时还可利用这些特征信息作为导航信标，实现利用地形的光学自主导航，与探测器自身携带惯性元件相结合，完成导航信息融合，确保探测器高精度着陆。ESA 的 "月球欧洲演示"（LEDA）计划发展了基于计算机视觉的月球软着陆导航方案。探测器在轨通过导航相机获得月球表面图像，初步确定着陆区域。探测器下降过程使用导航立体相机获取着陆区的数字高程图，通过特征追踪对探测器进行位置和水平速度估计，并对潜在障碍进行检测与规避。天问一号在下降过程中，先在 1 500 m 的高度对着陆区域进行双目相机的拍摄，对着陆区域进行障碍的粗检测以及坡度的检测，并利用表面图像信息进行相对的地形导航，在 100 m 的高度，利用激光测距等手段，进一步对着陆区域进行障碍的精检测，确保探测器成功着陆在预设着陆点。

地外天体着陆任务的第三个特点是探测器着陆过程中需要应对天体附近复杂的着陆环境，包括大气环境与引力场环境，以及着陆过程中的众多约束条件。在月球和小行星周围没有大气环境，因此探测器着陆过程中的主要制动力来自于探测器自身制动器的减速制动。对于有大气的行星着陆，一般采用大气制动方式与动力制动方式相结合的方法进行减速制动。行星着陆段大气环境复杂，不确定性显著，无法全面、准确地掌握目标行星的大气环境，会影响着陆的精确性与安全性。不同的行星，大气组分、大气密度各不相同，且大气活动随季节变化现象显著，作为气动减速介质，行星大气的精确建模难度极大。火星的大气建模需要考虑高度、经纬度、季节、理化性质等多种因素。目前较为完备的火星全球大气数据库有欧空局的火星气候数据库（Mars Climate Database，MCD）和美国的火星全球参考大气模型（Mars Global Reference Atmosphere Model，Mars GRAM）。月球与行星及天然卫星的形状较为规则，为近球形，其附近的引力场环境也较为规则。小天体质量小，引力微弱，个体差异大，成分不确定，并且自然环境复杂，导致小天体的重力场与传统的近球形大行星或者天然卫星重力场存在极大差异。这对着陆过程的探测器制导与控制系统提出了新的要求，并且针对每个探测的小天体都需研究，有针对性地设计着陆方案。地外天体着陆过程约束条件复杂，动力学与控制力之间的传递呈现高度非线性，为了保证着陆精确性与安全性，探测器着陆轨迹需要满足复杂的约束条件。约束条件可以分为路径约束和末端约束，目的是保证着陆飞行过程的安全性和着陆的精确性。20 世纪 60 年代，美国的"勘测者"探测器采用从奔月轨道上直接减速，进入着落轨道的着陆方式，此方法需要在距月球很远的地方就对其轨道进行修正，调整方向，并打开制动发动机。此方法不够灵活，鲁棒性较差，为轨道的设计带来较多约束。之后的探测器大多采用从环绕轨道通过变轨调整速度与高度，再根据制导律进行主减速段制动的制导方法。在着陆过程中，探测器需要根据对天体表面地形的安全评估情况，进行对应的着陆轨迹规划，并考虑众多路径约束与末端约束条件，进行着陆段的制导控制。

1.2 面临问题与研究现状

目前，人类对于地外天体的探测已经取得了丰硕的成果和大量的经验。通过对各类地外天体着陆任务的特点分析，可以发现，着陆段导航与制导控制的自主性需求普遍存在。虽然已经有了多次成功着陆任务的经验，但是面对不断涌现的科学探测任务新需求，地外天体着陆自主导航与制导技术依然面临着更多的难点与挑战。

1.2.1 天体表面模型与引力场建模

地外天体的建模主要包含两个部分，一部分是天体的表面建模，目的是建立精细的地形模型，直接反映小天体的物理特征，为探测器的着陆任务提供数据基础。另一部分是天体的引力场建模，目的是确定轨道环境，为着陆任务的轨迹规划与制导控制提供数据基础。

（1）天体表面建模

精细的地形模型是进行地外天体着陆和采样返回的前提条件。地外天体中，小天体的地形模型十分复杂，具有形状不规则、表面特征奇特等特点，地形模型的建模存在许多技术上的困难，成为近年来地外天体着陆探测的研究热点。小天体的三维表面模型及利用表面模型建立的导航目标数据库，能够直接反映小天体的物理几何特征，为探测器着陆点的选择、着陆、起飞、导航提供数据基础。由于小天体距离地面遥远、形状复杂，在任务前期难以获得小天体的精确模型；并且小天体种类繁多，个体差异大，与行星和月球探测相比，小天体探测无法通过探测活动积累目标天体数据。对小天体参数的估计通常是在绕飞和低轨悬停时建立的，参数估计可以减少着陆任务危险性，对着陆过程的导航与制导也十分必要。在探测器绕飞小天体期间可以得到大量小天体的表面图像，基于这些图像信息，利用小天体表面的特征点重构出小天体的三维模型并实现小天体的物理参数确定，其中包括小天体模型、自旋状态以及小天体的重力场分布。

根据 MARR D[1] 视觉计算理论，现有的建模方法可以分为主动视觉建模与被动视觉建模。在目前的小天体三维表面重建工作中，常用的方法主要分为三大类，分别是基于光度测量的方法、基于摄影测量的方法和基于激光点云的方法。其中，基于光度测量的方法和基于摄影测量的方法属于基于观测图像数据的被动建模方法，基于激光点云的方法属于基于雷达数据的主动重建方法。

基于光度测量的方法（Stereo Photo Clinometry，SPC）是用于小天体三维建模的主流方法。SPC 是一种通过使用阴影和光照方向，将立体几何技术和光度法相结合，对航天器观测到的天体表面形状和相对反射率进行精确建模的光度学方法。基于光度测量的方法，优势在于对纹理要求不高，能够逐像素进行处理，可以充分利用各种分辨率的观测图像，实现像素级别的高分辨率建模，可以更好地进行导航和科学研究。但使用 SPC 进行小天体三维建模，对于小天体上的每个点，理论上至少需要从 3 个不同角度拍摄图像，才能可靠地估计该点的法线方向。在以 SPC 为基础的实际规划中，普遍采用手工规划的方式，对不同地形的规划没有侧重，为了得到高分辨率三维模型，通常需要对小天体的每个区域拍摄十几张或几十张图像才能完成三维建模任务。大量的图像数据从与地球相距遥远的探测器传输到地面的代价是巨大的，而且增加了整个任务的时间，也给探测器搭载的设备仪器带来了安全性和可靠性方面的风险。由于是基于已知反射性质的假设，因此存在反射模型造成的系统误差，这类方法需要已知相机姿态；相比基于摄影测量的方法，易受到镜头畸变的影响；此外，需要通过其他方法获得初始模型。

基于摄影测量（或立体摄影测量，SPG）的方法，使用的数据为相机拍摄的影像，例如 Hayabusa 航天器的 AMICA 影像、Rosetta 航天器的 OSIRIS NAC 影像等，这类方法的理论依据是摄影构像的数学模型，根据摄影时像点、相机镜头中心、物方点之间的几何关系，由二维影像恢复三维场景，方法在具体实现时会根据实

际任务需求有所不同，有 ISIS 软件以及商业软件 Agisoft Metashape
等。PREUSKER 等人使用 SPG 方法，结合 OSIRIS NAC 影像，重
建了 67P 彗核的形状[2]；WATANABE 等人选择使用计算机视觉中
常用的 SFM 算法来重建 Ryugu，实现方法是使用商业软件 Agisoft
Photoscan[3]；GOLISH D R 等人则使用摄影测量技术对 Bennu 构建
控制网。基于摄影测量的方法的精度非常依赖相邻影像中同名点的
精度，同名点需要分布均匀且数量充足，其密集程度会直接影响最
终模型的分辨率[4]；同名点是通过影像匹配算法获得的，影像匹配
需要适合的纹理，因此对于目标纹理的要求较高。

在观测条件良好、数据充足的情况下，使用激光点云数据是较
好的方案。激光点云数据能够直接提供密集的、精确的、绝对比例
下的几何信息，可以制作高分辨率的 DTM。但激光雷达本身质量
大、成本高，在远距离的情况下分辨率不够。

2000 年，NEAR 号探测任务的图像处理小组通过识别估计 Eros
小天体表面的弹坑分布来恢复小天体的三维模型，人工计算工作量
巨大。石俊在基于光度学的小天体三维建模方法研究中提出的将
SPC 中的数据组织格式 ICQ 沿对角线切割成两个三角形面块的转换
方法具有可行性，但鲁棒性不强。邵巍等提出了一种绕飞过程中小
天体三维模型重构方法，采用 PCA - SIFT 进行特征点降维处理和弱
透视模型解算，虽然提高了速度，但会损失地形重建的精度[5]。蓝
朝桢等人针对小天体影像的特点，在无初始位置和姿态的条件下，
研究了小天体相对形状的重建问题，提出了一种基于序列影像的小
天体三维形状重建方法[6]。目前工作中，很多研究人员在研究重建
小天体表面模型时，并不仅限于使用一种方法。Fujiwara 等人在重
建 Itokawa 表面时使用了三种方法，分别为基于轮廓信息的方法、
立体测量法和阴影恢复形状法。基于轮廓信息的方法实现简单，运
行速度快，但是不能重建凹面区域；立体测量法通过多视图几何来
构建模型，结果的质量取决于提取特征点的情况；阴影恢复形状法
假设表面散射性质已知，利用表面亮度斜率信息重构三维形状。

Barnouin 等人在重建 Bennu 表面时，将 SPC 获得的模型与 OLA 数据获得的模型结合，获得了高精度、高分辨率的模型；Jorda 等人在重建 67P 表面时，使用 MPCD 方法获取低分辨率模型，为后续的研究以及更精确的重建提供基础。

（2）天体引力场建模

天体的探测任务中，确定轨道环境至关重要，能否准确获得天体引力场将直接影响整个探测任务的进行。在地外天体中，小天体具有质量小、形状不规则、自旋复杂等特点，小天体重力场与传统近球形大行星或天然卫星重力场存在较大差异。重力场建模不仅是研究设计小天体卫星轨道所需要解决的首要问题，也是小天体探测任务的目标之一。传统的小天体建模方法主要有三种，分别为谐函数法、多面体法和质点群法。

第一种方法是谐函数法，谐函数法主要用级数展开式直接逼近引力势能，包括球谐函数法和椭球谐函数法，最早由 Hobson 提出。WANG Y 和 XU S 基于球谐函数法讨论了重力梯度力矩对探测器姿态的影响[7]。然而，这种方法可能并不适用于形状不规则的非球形小天体。球谐函数法能够保证结果在小天体布里渊球体外的收敛，在布里渊球域内部，计算结果将会发生严重的偏差甚至发散。为了改进球谐函数法的不足，HOBSON E W 在前者基础上提出了椭球谐函数法[8]，利用椭球近似小天体，通过三个轴长参数求解谐函数的系数，进而模拟出小天体的引力场。椭球谐函数法适用于接近椭球的小天体，对于部分小天体，可以有效地减少发散的可能。NEAR 任务通过椭球谐函数法确定了 433Eros 的引力场。GARMIER R 等人利用椭球谐函数法对彗星表面着陆做了仿真并与球谐函数法进行对比[9]。谐函数法的优点在于引力势具有解析的表达形式，计算量小，能够快速地计算出小天体附近的引力场，在探测器动力学的研究中有着十分广泛的应用。但是在小天体外接球体以内时，谐函数法的计算结果会存在较大误差或者发散。为了克服此问题，Werner 提出了关于内部球谐函数的方法，TAKAHASHI

Y 和 SCHEERES D 讨论了该方法，应用内部布里渊球域给出了探测器的着陆轨迹，但该方法无法一次计算出小天体附近所有区域的引力场[10]。Herrera-Sucarrat 等将非球形天体引力势以球谐函数和球贝塞尔函数形式展开，在布里渊球以外和以内都适用，且展开系数的选择具有一定自由度，可结合动力学分析需求确定。

第二种方法是多面体法，在多面体建模方法中，小天体被假定为一个密度恒定的多面体，借助该多面体模型完成引力场的计算。BARNETT C T 提出了一种通过输入顶点来表示多面体模型的方法，这种方法被广泛地应用在对小天体的研究中[11]。小天体模型数据分为两个部分，第一部分为每个三角面顶点数据，为每个顶点在笛卡儿坐标系下的坐标表示。第二部分为每个三角面的数据，每个顶点都有相应的编号，每个三角面三个顶点的编号构成了该面的位置数据。多面体建模方法由 Werner 提出，通过高斯公式和格林公式对引力势中的体积分进行转化并推导出引力势、引力梯度矩阵和引力的表达式，并与 SCHEERES D 一起将该方法应用于 Castalia 的引力场模型计算[10]。Eugene G 等人基于多面体法对双星系统进行引力场建模，并实现探测器绕飞仿真。Yu Jiang 和 Hexi Baoyin 基于该方法对小天体附近的轨道动力学进行研究。JIANG Y 和 CHENG B 等人基于多面体法分析计算了潜在威胁小天体的碰撞防御过程的动力学行为[12]。由于多面体法精确度高，在工程实践中也会应用，如日本的隼鸟号任务中借助多面体模型求取球谐函数。对于单个小天体而言，目前的理论分析中大多以该方法求得的结果为精确值。多面体建模方法的优势在于多面体能够相对精确地模拟小天体表面的形状，包括凹坑、突出等。多面体模型越复杂越能够获得精确的建模结果。与谐函数法相比，多面体法不存在结果发散的区域，能够适用于对小天体表面附近动力学的分析。另外，多面体法可以通过重力势的拉普拉斯方程检验场点在小天体内部或是外部。多面体建模方法的不足之处是：由于密度的均匀假设，多面体方法也存在着建模误差。该方法计算量大，尤其使用精细的多面体模型时，虽然能够增加计算精度，但带来额外的计算负担，与谐函数法相比，效率较低。

　　第三种方法是质点群法，该方法由 GEISSLER P 等人提出[13]。质点群法原理简单，利用质点群来代替多面体模型。质点群法的优点在于能够计算非均质小天体的引力场。Park R S 等人利用有限元方法逼近多面体模型，并得到引力场分布及环绕轨迹。Chanut 等人提出了一种新的多面体分割方法获得小天体质点群模型，最终计算出总的引力场分布。与多面体法相同，随着质点数的增加，质点群法的计算量也会增加。为了寻找精度与计算量之间的平衡，Colagrossi A 等人利用优化算法来获得质点数。为了高效地得到小天体附近的引力环境，顺利开展探测任务，学者们做出了巨大的贡献。

　　综上所述，谐函数方法无法避免某些区域内的发散。在多面体法和质点群法中，对于小天体而言，尤其是形状复杂、模型精确度需求高的小天体，想要精确求得小天体附近的引力场，需要耗费大量的建模与计算时间。因此，研究如何快速精确地计算小天体附近的引力场尤为重要。

　　为了实现小天体附近引力场的快速全局表征，一些学者研究了基于插值的方法，大致可分为多项式插值、体素化插值以及混合插值。现有的多项式插值法主要使用拉格朗日多项式和切比雪夫多项式。Colombi 等人使用拉格朗日多项式插值法实现引力场的快速计算，因此蒙特卡罗仿真能够在工作站进行。在轨迹传播中，该方法进行元素搜索的时间会随研究区域的增大而产生明显的增加。HU S C 和 JI J H 首先将切比雪夫多项式应用于计算不规则形状小行星的引力场，大幅提高了计算速度且计算精度较高，由于使用大量的采样单元，该方法需要几十兆字节的内存[14]。YANG H 等人改进了基于切比雪夫多项式的插值方法，使用 CGL 节点和径向适应技术降低内存占用至几十万字节[15]。WAL S V 等人提出了小天体引力场的体素化模型，该方法使用的均匀体素网格易于生成，且运行时插值计算成本与体素网格大小无关[16]。当对引力场精度有较高要求时，内存占用很大。WEI B 等人提出了一种混合模型，将引力场分成最优拟合椭球和扰动部分，使用巧凑边点插值的方式计算扰动部分的引力场，运行速度快，但其内存占用为 134.2 MB，高于切比雪夫多项式法。基于插值的方法相比传统的小天体引力场建模方法，计算速度极大提高，但该方法的精度往往与内存占用的大小有关。内存占用反映了模型使用的插值节点的数量，内存占用大则预计算耗费的时间长。近年来，学者们针对精度和内存占用两个方面展开了研究，但没有同时解决这两个问题的方法。

本书从数据统计和规律挖掘的新视角，提出了基于高斯过程回归的重力场建模方法。与经典重力场建模方法相比，该方法从统计角度建立了重力场与场点的直接映射关系，规避了复杂的建模过程。该方法在提高计算效率的同时，能准确获得检查点处的重力加速度。该方法的预测精度与训练样本数量有关。与基于插值的方法类似，为了获得更高的精度，该方法需要大量的数据样本。这些模型花费预计算时间来获得更高的精度。为了节省预计算时间，作者提出了一种多维特征下小天体引力场的直接映射表征方法。在使用场点坐标的基础上，该方法通过特征挖掘获取隐式特征，经过组合得到多维特征向量，实现了多维特征下引力场的映射表征。在相同的引力场计算精度下，该方法节省 40％ 的预计算时间。

1.2.2 星表特征提取与障碍检测

自主光学导航的可行性在深空探测任务中已被充分验证，利用视觉信息进行定位能够提供基于航迹递推无法提供的绝对位姿态信息，具备明显的优势，在未来执行更高精度的导航任务时，丰富的光学信息也终会发挥作用。行星探索中任务的可靠性被视为首要考虑目标，目前来看，视觉信息对整体行星探索任务的影响有限。同时，由于地外天体与地面环境的差异，着陆过程不确定性极强，探测器状态不稳定，导航相机对星表观测条件苛刻，以及着陆过程对导航系统实时性与鲁棒性的要求，许多在地面能够使用的视觉信息利用方法，在地外天体着陆过程中难以使用。在对地外天体进行着陆探测时，需要考虑天体表面的环境特点与着陆任务的需求为探测器的导航系统所带来的困难与挑战，总结为以下三点：

（1）复杂的着陆环境

大部分天体表面大气稀薄，在强光长期照射的影响下，成像时，在阴影和明亮区域的交汇处，容易出现伪边界，给障碍识别造成困难。行星表面时常出现"尘暴"，表面风化严重，使岩石、土壤边界模糊，给基于被动视觉信息的障碍检测造成困难。探测器着陆时，由于自身状态的大幅度变化导致光学信息的捕获效果变差，得到的视觉特征信息与数据库特征信息在光照条件、尺度以及拍摄角度等方面不一致。

（2）稀疏的星表特征

由于地外天体表面缺乏森林、湖泊、河流等自然环境，只有土壤、陨石坑、岩石和斜坡，难以保证在着陆时找到合适的导航路标。和地球相比，地外天体表面背景单一，图像纹理稀疏，视觉特征数量有限，增加了视觉导航工作的难度。

（3）高实时和强可靠性需求

着陆时，需要视觉辅助导航系统提供实时可靠的导航信息，从而实现快速稳定的控制。但星载计算机由于抗辐射性以及可靠性的要求采用了低频处理器，图像处理算法计算量较大，如何权衡图像和导航特征处理技术的实时性和可靠性是地外天体着陆任务中的难点之一。

行星表面障碍表征方法是障碍检测与识别技术的基础，通过处理主被动光学敏感器获得的信息，生成坡度图和地形粗糙度图等各种表征信息，粗糙度表征地形的起伏程度。光学敏感器可以分为主动敏感器和被动敏感器。常用的主动敏感器包括激光扫描雷达、激光雷达以及相控阵地形雷达等；被动敏感器主要为 CCD 光学相机。主动敏感器不依赖光照情况，可以全天候使用，精度较高；而被动敏感器的成本较低，重量较轻，能耗较小且获取的信息量更大。基于主动敏感器的障碍表征技术，首先处理地形高程信息并提取地形基准面，之后作差计算高程残差，利用阈值分辨障碍并得到识别结果。基于被动敏感器的障碍表征技术，通过机器视觉领域的特征提取算法，从灰度图像中提取与障碍相关的视觉特征，以此表征障碍，这些特征主要包括边缘、纹理、斑点、角点等。

行星表面典型的障碍物主要是陨石坑、岩石、陡坡、断层。陨石坑、岩石、陡坡是天体表面常见结构，其中陨石坑分布范围广、面积大且形状规则，是需要主动规避的障碍之一。岩石分布范围广，大小、形状不规则，难以用数学模型进行描述，是障碍表征算法研究的重要内容。陡坡的分布范围虽然比岩石和陨石坑小，但容易使探测器倾倒而损坏，在基于图像信息的地形坡度检测算法方面，由于坡度在灰度图像上没有明显的特征，因此从图像中获取坡度信息困难较大。断层不常见但在视觉图像中其特征都很明显，容易检测，因此在现有研究中涉及较少（见图 1-6）。

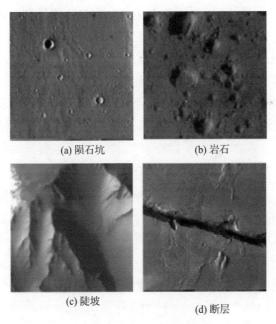

(a) 陨石坑   (b) 岩石

(c) 陡坡   (d) 断层

图 1-6　天体表面各类障碍

（1）天体表面陨石坑检测

地外天体表面的陨石坑检测方法，可以分为基于图像边缘信息的陨石坑检测、基于图像光照阴影信息的陨石坑检测、利用机器学习方法的陨石坑检测。陨石坑形状较为规则，其边缘一般为圆形或椭圆形，可以建立数学描述，通过边缘检测算法可以直接提取陨石坑边缘，对提取的边缘进行椭圆拟合后即可检测。OLSON C F 提出了一种改进的受限 Hough 变化算法，能够实现圆弧简单的几何特征的检测[17]，该方法对于二次曲线的检测需要在大量实验的基础上才会有效果。JOHNSON A[18]等人将广义 Hough 变换的椭圆检测算法应用于 NEAR 任务的陨石坑检测中，准确率达到 80%。南加州大学的 Leroy 等人在前人研究基础上提出了基于张量投票的陨石坑检测算法，准确率接近 95%。CHENG Y 等人[19]利用 Canny 检测子分段检测陨石坑边缘曲线，并利用配对算法找出属于同一个陨石坑的边缘曲线，最后通过椭圆拟合的方法检测出完整陨石坑。丁萌等人基于区域生长的陨石坑检测算法，通过预先定义的生长规则，选择图像中灰度值最大最小的点作为种子点，对区域生长后的图像进行边缘提取，以获取陨石坑的边缘。由于在光照条件下，陨石坑会出现阴影区域，导致部分边缘被阴影遮盖以致在图像检测过程中检测失败，但陨石坑与阴影为对应关系，可以通过检测图像中的阴影实现陨石坑检测。BANDEIRA L 等人[20]提出了基于陨石坑阴影与光亮区域的边缘检测算法，能更好地描述陨石坑。余萌等人提出了基于阴影区域配对的陨石坑检测算法。邵巍等人提出基于高低帽变换的陨石坑检测算法，使图像的迎光区与背光区相比具有更明显的灰度特征，便于陨石坑的检测。另外还有基于模板的陨石坑检测算法及基于遗传算法的陨石坑检测算法。近年来，随着机器学习的发展以及理论基础的完善，陆婷婷等人基于自动特征学习的陨石坑检测方法，利用卷积神经网络和 SVM 分类器结合对陨石坑候选区域分类实现陨石坑区域检测，效果显著。DOWNES L 等人提出了 LunaNet 系统，利用卷积神经网络从机载摄像机拍摄的图像中检测陨石坑[21]。

（2）天体表面岩石检测

岩石分布于地外天体表面，比陨石坑分布更广泛，即使在平坦的区域也有大量的岩石分布，是对探测器着陆的威胁之一。但岩石的尺寸和形状更加不规则，难以像陨石坑那样用统一的数学模型进行准确的描述，而且行星表面发生的尘暴会加剧岩石的风化，将岩石与沙土混合或被沙土覆盖，导致岩石与周围地面的边缘更加模糊，另外光线照射下阴影与明亮区域的交会处容易出现伪边界，这些均会给基于被动光学信息的岩石检测算法增加难度。近年来很多学者提出了各种岩石算法，可以按照提取特征的不同分为基于边缘、阴影和区域的岩石检测算法。基于边缘的岩石检测算法主要有 JPL 的 Rockster[22]、Rockfinder[23] 算法。Rockster 算法首先使用类似于 Canny 边缘检测器的程序获取岩石部分边缘轮廓，之后对提取到的边缘片段进行包括高曲率边缘剔除截断、T 字形边缘连接、间隙填充等的形态学操作，以降低误检测率，得到岩石轮廓。Rockfinder 算法首先对图像进行降噪处理，之后采用边缘算子提取图像中的边缘片段，再对提取到的边缘片段进行非极大值抑制以去除多余的边缘片段，最后封闭轮廓，检测出岩石。基于边缘的岩石检测算法通过提取有明显亮度差异边缘信息来检测与表征岩石，但由于风化和沙尘遮挡的影响，并非所有岩石边缘都与周围土壤有明显的亮度差异，存在边缘模糊与被遮挡的情况，而且受光照条件的影响，也并非所有图像中具有亮度差异的区域都是岩石边缘。因此，基于边缘的岩石检测算法的漏检测率和误检测率都比较高。HUERTAS A 等人提出一种基于立体视觉和基于阴影的岩石检测算法[24]，基于立体视觉的方法通过距离数据拟合鲁棒平面，计算残差的标准差，通过阈值设定来识别岩石，通过最高距离点来估计岩石的高度和位置；基于阴影的方法通过最大熵阈值算法对阴影像素进行标记，通过 Gamma 修正后，提高分割鲁棒性，再通过已知太阳角度和阴影椭圆以及地面倾斜度获取岩石的高度，基于阴影的方法可以在更高的区域实施探测，适用于探测器着陆过程的岩石检测。V. Gor 等人提出了基于图像强度与基于距离的岩石检测方法,分别对较大与较小的岩石进行检测。基于图像强度的检测方法是边缘流分割过程,该过程利用一种预测编码模型来识别给定尺度下每个图像位置的颜色和纹理变化方向,并构造边缘流向量;基于距离的检测方法首先将一个平面拟合到所有给定的点上,再计算每个像素的平面点到原始点的误差。DUNLOP H 等人提出了使用归一化切割策略分割图像获取超像素,识别高概率超像素分组来获取最符合岩石模型的全局特征,利用支持向量机算法对所有超像素区域进行学习分类,融合特征,完成特征检测[25]。还有利用构建模式分类器和模式识别方法进行岩石检测的尝试,包括 Carnegie Mellon 大学利用基于 Adaboost 和 Cascade 滤波器的 MVJ 方法检测岩石区域的方法、JPL 的 SQUID (Smoothed Quick Uniform Intensity Detector) 方法。国内有冯军华等人在岩石检测方面提出基于着陆图像的方差图分割法对岩石进行检测,利用模糊规则与其他着陆约束条件结合起来,将其输出反馈到着陆点搜索算法中,得到最佳着陆点。

(3) 天体表面陡坡坡度估计

基于图像的陡坡估计研究的需求来自于机器人领域以及无人直升机和探测器的着陆过程,目的是对着陆区域进行坡度估计来保证着陆安全。由于陡坡特征较少的特点,难以使用边缘检测及阴影检测等方法来检测。但如果陡坡的坡度过大,会使探测器天体着陆困难,甚至可能导致探测器侧翻而使整个着陆任务失败。另外地表的陡坡坡度也会影响探测器的移动。

对于地形坡度估计的研究,2002 年 JPL 提出了基于激光扫描雷达等获取距离信息得到数字高程模型 (Digital Elevation Model, DEM),在此基础上实现坡度估计以及障碍检测。基于 DEM 的地形坡度估计技术具有算法简单、可靠性高等优点,但激光雷达在最大距离和空间分辨率上存在局限性。与被动成像仪比较,激光扫描雷达具有成本高、重量大、耗能高、探测视场小等缺点,在行星着陆探测任务中要克服这些缺点,因此,基于机器视觉的陡坡坡度估计

方法更具有实用性。Stephen Williams 等人在北极冰原地区进行科学
考察的机器人任务中，提出基于单目视觉的地形陡坡估计技术。通
过图像处理技术研究冰原表面的冰层裂纹走向，由裂纹走向显示出
地形的高低坡度，从而估计陡坡坡度，该方法的条件不适用于探测
器着陆任务。Yang Cheng 等人提出了利用多视图几何中的平面单应
估计陡坡坡度的方法，通过两幅图像之间的透视关系表示区域的斜
率，由于单应性构造中不需要图像像素的对应，可以避免特征检测、
匹配及一些运动细化，该方法为陡坡坡度估计提供了新的思路。我
国的天问一号火星探测器，在着陆下降段利用双目相机拍摄火星地
表的图像，通过两个相机的图像进行信息的融合，获取拍摄图像内
的坡度信息。

1.2.3　导航状态确定与估计滤波

在地外天体的着陆探测任务中，只有准确地收到探测器自身的
位置与姿态信息，探测器才能在着陆的各个阶段及时地进行控制操
作，如果不能精确地进行导航状态确定，在错误的时间段进行错误
的操作，则可能导致整个任务的失败。目前，对地外天体着陆探测
任务，由于对自主性的高度需求，对探测器位姿状态确定的绝对导
航方法大多依赖惯性测量单元（Inertial Measurement Unit，IMU），
利用惯性测量单元测量探测器的加速度和角速度并对其积分获取探
测器的位置和姿态信息。惯性导航系统计算量较小，更新频率较高，
受积分初值影响较大，在没有其他信息修正的情况下，估计误差会
随着时间漂移，降低探测器的导航精度。在着陆段，确保探测器能
够准确地到达预设的着陆点，精确地避开地表的各种障碍，地形相
对导航方法（Terrain Relative Navigation，TRN）更适用于着陆任
务，地形相对导航通过处理地形的光学信息得到探测器的位置和姿
态信息，与障碍检测系统所用的信息一致，同时，其估计误差不随
时间漂移，但计算量大，更新频率低，与惯性导航系统融合可以实
现优势互补，提高着陆任务的导航精度。

　　通过光学导航方法获取的观测数据，主要获取方式是探测器自身携带的光学敏感器，这就造成了外部测量仪器的测量值带有随机误差，与敏感器的系统误差相比，这些随机误差会使导航精度产生误差。因此，对于多个敏感器组成的组合导航系统，可以使用滤波的方法，将观测量与探测器的动力学模型结合进行状态估计与矫正，从而更优地估计探测器本身的状态向量。对于测量获取的数据，需要通过状态估计算法来对探测器进行处理。地外天体着陆过程探测器的速度极快，外部引力场与大气环境十分复杂，造成所使用的光学视觉导航方法中的状态方程与测量方程是非线性的，对于探测器的状态估计也存在许多待解决的问题。

　　根据观测数据处理方式的不同，导航滤波器算法可分为批处理算法和递推处理算法。批处理算法是基于某一段时间内获得的一批观测数据的反复迭代运算，得出该时间段内某一特定时刻的最优轨道估计。常用方法为最小二乘法，探测器初始轨道的确定一般利用此方法，也用其改进形式如加权最小二乘法，如深空 1 号利用加权最小二乘法估计了探测器的轨道参数，并且在计算误差方差阵时采用了 U-D 分解算法。递推处理算法通过即时观测数据来更新现有估计，从而得出新的估计，一般用于轨道观测实时处理，更适合于着陆过程的探测器自身状态估计。常用的递推滤波方法包括扩展卡尔曼滤波法、无迹卡尔曼滤波法、粒子滤波、预测滤波法等。

　　对于探测器状态方程与测量方程非线性化的问题，需要对非线性方程进行线性化处理，并按照线性滤波过程估计，这便是扩展卡尔曼滤波（Extended Kalman Filter，EKF）。EKF 是非线性系统中应用最为广泛的滤波算法，应用范围包括导航定向、跟踪定位、自动控制、SOC 估计等。在系统非线性程度不强时能够较好地估计精度，滤波效果比较理想。面对强非线性系统时，EKF 不能满足工程要求。针对这个问题，许多学者在 EKF 算法基础上提出了各种改良方案。HUA S 等人将计算复杂的雅各比矩阵用投影法计算，且将变增益矩阵改为恒定增益矩阵，减少了算法计算量，提高算法的效率和可靠性[26]。Gilden Guler 等人研究了基于太阳敏感器和磁力计的纳米卫星定姿算法，将奇异值分解（SVD）整合进 EKF 算法中，利用 UD 分解误差协方差获得 EKF 算法适合的输入值，在性能方面效果良好。Yang YH 等人将 Robbins - Monro 算法和 EKF 算法相结合，实现了过程噪声协方差的自适应估计。Sun CJ 等人针对水下导航存在量测噪声不确定的问题，基于变分贝叶斯近似得到量测噪声协方差矩阵的自适应估计，构建了 VBAEKF 滤波算法，通过水下导航实验验证了算法的优越性。CHEN J 等人设计了基于新息的函数，制定高低结束近似切换策略，改善了估计精度和计算负担两方面的冲突问题[27]。

对于非线性很强的系统，可以使用无迹卡尔曼滤波（Unscented Kalman Filter，UKF），进行无迹变换，通过不同的采样方式获取一定数量的采样点并加权赋值，这些采样点经过非线性映射后可近似非线性系统的数学统计特性。相比于 EKF，UKF 的性能提升巨大，得到了广泛的关注和应用。估计 LEO 卫星姿态时，Kaini 等人为减轻数量庞大的 Sigma 样本点计算负担，基于 Schmidt 算法提出一种边缘 MUKF 算法，该算法仅用 14 个样本点来满足 25 维状态变量的滤波估计，实现了良好滤波的准确性并降低了计算量[28]。Mehrjouy、Ana 等人结合残差协方差匹配原理和最陡梯度下降算法，提出鲁棒自适应算法，应用于空间三维定位跟踪上，具有良好的关于模型参数不准的鲁棒性。Zhu B 等人为解决捷联惯导系统测量噪声非高斯、非恒定协方差的问题，提出一种自适应鲁棒 UKF 算法，采用投影统计算法对异常信息重新加权赋值，以此对量测噪声协方差自适应估计，在噪声厚尾分布或离群条件下验证了算法的优越性。Rayyam M 等人提出改进的 ALO - UKF 算法，可自动优化噪声协方差帧 Q 和 R，减小滤波过程中的估计误差，提升算法性能[29]。

应对高维非线性系统滤波估计时，UKF 性能不佳，甚至可能发散。针对高维的非线性系统，Arasaratnam 等人提出了容积卡尔曼滤波（Cubature Kalman Filter，CKF）。CKF 算法拥有更为完整而严谨的数学依据，适用于高维非线性系统，稳定性和滤波精度更优越。在研究目标跟踪估计问题时，Gadsden 等人提出了结合平滑变结构滤波器和 CKF 的算法（CK - SVSF），通过 SVSF 提高了 CKF 算法在模型不准确时的鲁棒性。薛海建等人提出渐消 CKF 算法（FCKF），可实时判断滤波异常值并自主进行渐消滤波。在 FCKF 算法的基础上，郭士荤等人进行了鲁棒性改进，提出了鲁棒渐消容积卡尔曼滤波算法，可有效应对模型失准和噪声干扰的情况，提升了算法滤波性能[30]。

除此之外，粒子滤波（Particle Filter，PF）是一种基于最优递归贝叶斯估计，使用序贯蒙特卡罗采样策略使采样点分布逼近系统状态后验分布的非线性滤波算法，在导航定位、目标跟踪、地形匹配等领域得到广泛应用。牟忠凯等人将改进的 PF 算法应用到卫星姿态估计当中，通过使用 UKF 算法优化 PF 的重采样过程，使用修正罗德里格斯参数作为姿态描述参数进行卫星定姿，获得较好的滤波精度和稳定性。针对 PF 算法在实际应用时所使用的采样粒子过多的问题，Abdllah 等人提出了盒粒子滤波（BPF）算法，该算法通过区间化有效地降低了粒子数量，减轻了算法负担，且精度和标准 PF 算法一致。侯晓磊等人改进 BPF 算法，并应用到皮纳卫星的姿态确定中，通过双矢量算法预处理量测值，降低敏感器噪声影响，再将解算的四元数输入 BPF，在大幅缩短算法消耗时间的同时精度也得到了保证[31]。

1.2.4　着陆轨迹规划与制导控制

着陆轨迹规划与制导控制需要在探测器着陆动力学模型的基础上，考虑各种约束条件，完成对着陆器运动轨迹和控制量的求解过程。其中着陆轨迹规划部分是指满足初始条件、末端约束和路径约束等约束条件的前提下，采用数值优化算法对特定指标进行优化求解，确定航天器的最优转移轨迹。该方法将最优控制问题转化为有约束条件的非线性规划问题，进而求解非线性规划问题，获得最优轨迹。直接求解最优控制问题，过程复杂，但在计算机技术的支持下，可以方便求解非线性规划问题，该方法在航天器轨迹规划方面得到广泛应用。目前，轨迹规划以标称物理参数为依据，与行星实际参数有误差，因此，考虑到行星着陆存在的环境不确定性等情况，有必要在轨迹规划过程中考虑参数不确定性的影响，这是着陆轨迹规划需要考虑的重要问题。制导控制部分是指根据不同的行星环境，选择不同的制动方式，主要包括利用大气制动和动力制动两种方法。利用大气制动着陆方式适用于具有大气层的行星及其卫星（如地球、金星、火星、土卫六等）着陆过程，以飞行器气动阻力作为主要制动力来源，通过设计合理的飞行器气动外形来产生足够的气动制动阻力，在飞行过程中调整飞行器姿态改变气动力方向达到调整飞行轨迹的目的。动力制动着陆方式适用于没有大气的行星及其卫星（如月球、小天体）着陆过程，可作为大气制动的辅助接续制动方式（如火星着陆），以反推发动机推力作为主要减速制动力，通过改变推力大小和方向实现对着陆轨迹的调节。这种着陆方式主要应用于月球着陆、火星动力下降段、重复运载火箭着陆回收、小天体软着陆等着陆任务中。值得注意的是，在月球、火星、地球等类球形天体表面附近采用动力制动着陆时，通常考虑常值引力作用；而小天体动力制动着陆过程中，不规则引力作用随探测器位置呈现出复杂时变非线性特征。综上所述，地外天体的着陆轨迹规划与制导控制需要兼顾以下三方面的内容：

（1）复杂约束下的轨迹规划

在气动减速制动过程中，为保证飞行安全，需对气动吸热和气动过载加以约束。气动吸热因素主要考虑的约束条件有热流峰值和总吸热量约束。此外，因任务需要，在一些大气进入过程中需考虑路径点约束和禁飞区约束等。动力制动过程中，以发动机反推作用实现制动减速，为防止控制力饱和，轨迹优化中需考虑推力器控制力的幅值约束。在行星着陆任务中，为保证探测器着陆的安全性和着陆精度，需要在轨迹规划过程中综合考量各种约束条件。在动力学模型的基础上，采用数值优化算法对特定指标进行优化求解，确定航天器的最优转移轨迹。

伪谱法是采用非线性规划方法求解航天器轨迹规划问题的典型方法。伪谱法采用全局插值多项式来逼近整个时间历程的状态变量和控制变量，通过采用多项式拟合的方式降低求解难度。HUNTINGTON G T 采用高斯伪谱法求解了在路径约束和边界条件约束下的滑翔飞行器最优轨迹[32]，验证了该方法在航天领域的有效性。针对高超声速飞行器，关成启综合考虑航路点、禁飞区、热流、动压、过载、控制量以及终端状态等多种约束条件，提出了轨迹分段优化策略，采用高斯伪谱法对各段轨迹进行离散化，将轨迹优化的一般最优控制问题转换为多段最优控制问题进行求解，并且以多约束条件下最大射程轨迹优化为例进行仿真分析，结果表明分段优化方法能够较快地设计出满足各种约束条件的优化轨迹。针对火星定点着陆任务大气进入段的轨迹规划问题，谢愈等人提出基于 hp Radau 伪谱法的快速优化算法。综合考虑大气进入段的动力学约束、边值约束以及着陆器的机动能力约束和安全性约束，结合 hp Radau 伪谱法的配点特性，将轨迹优化问题转换成一个大规模多约束参数优化问题，并给出了参数优化过程中雅克比矩阵的解析表达式，提高了求解效率。任高峰提出轨迹规划以标称物理参数为依据，与行星实际参数有一定误差，在进行轨迹优化设计时不仅要考虑行星着陆存在的环境不确定性等情况，还要在轨迹规划过程中考虑参数不确定性的影响。

（2）基于障碍检测的地形安全性评估

由于着陆过程中受到动力学特性的强非线性、着陆环境的强不确定性与科学价值高的着陆区域地形复杂等因素的影响，对着陆进行安全评估，要求着陆器具有自主障碍检测与障碍规避能力。在获得地形障碍信息后，需要根据地形条件给出合理的安全区域。JOHNSON A E 等人通过激光雷达获得的三维地形信息，将地形进行分类，根据陨石坑检测结果和地形粗糙度等信息融合，提出了考虑燃耗条件的着陆点选择方法[33]。N. Serrano 等人通过对着陆过程不同传感器得到的地形信息进行融合，利用朴素贝叶斯方法对地形安全性进行快速评价。H. Seraji 等人同样对不同传感器得到的地形信息进行融合，利用模糊逻辑方法评价着陆地形安全性。B. E. Cohanim 等人考虑着陆器尺寸、燃耗以及陨石坑危险程度等因素，给出了着陆点的选取方法。Moghe 和 Zanetti 提出基于语义分割的障碍检测深度学习算法，通过对环绕轨道器获取的地形图进行翻转处理并增加高斯噪声构建训练数据，对卷积神经网络进行离线训练，实现了下降过程中对实际输入图像各区域危险概率的快速估计。本书提出了特征密度的概念，将天体表面特征点的密度信息用于表征地形的危险程度，能够快速地对着陆区域的地形进行安全性的评估。

在障碍检测的基础上，评估分析地形安全性并在线调整着陆点位置，是探测器在星上计算能力受限的情况下自主提高着陆安全性的有效手段。地形安全性一般由着陆点安全半径与探测器着陆误差共同决定，为保证着陆区面积足够探测器安全降落在行星表面，选定的任务着陆点安全半径应大于探测器着陆误差。

安全半径是安全像素点与危险像素点间的最小距离，计算安全半径常采用螺旋搜索法，着陆点安全半径越大，其距离障碍越远，着陆安全性越高（见图 1-7）。曾经常采用着陆误差椭圆对探测器着陆误差进行表征。在分析探测器着陆误差时，既可采用蒙特卡罗法对初始状态不确定性、环境扰动、导航控制误差等因素影响下的探测器着陆误差椭圆进行离线估计，也可通过混沌多项式对系统不确定性随非线性动力学的传播规律进行研究，或分析探测器在给定模型误差假设下的能控可达集，得到到达指定着陆点的允许初始状态集合及指定初始状态下的满足工程约束的末端状态集合[34]。

（3）着陆点的综合选取

除了考虑地形安全性，选取着陆点时还应考虑工程可实现性与科学研究价值。着陆区的选择是着陆器安全性与探测任务科学价值

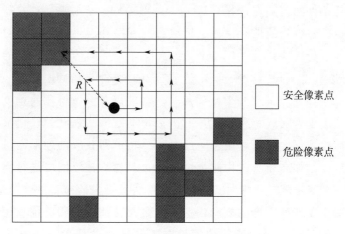

　　　　　　□　安全像素点

　　　　　　■　危险像素点

图 1-7　用于确定安全半径的螺旋搜索法

的一种权衡结果。对于着陆区的选取首先要考虑探测器的工程约束，根据探测器所搭载设备与自主着陆系统的处理能力等对着陆区域提出基本要求。一般安全着陆区的特点为：较好的光照条件、较低的海拔、障碍物较少的平坦区域、通信较好的纬度位置等。除了上述工程约束外，由于小天体着陆探测任务具有的特点，还需要着陆区域具有较高的科学价值，其价值的衡量，主要由着陆器对科学目标的实现程度来决定。一般来说，着陆区科学价值可以由以下方面进行描述：1) 具有科学价值的样本数量丰富；2) 采样样本具有较高地质学等价值。

　　通过上述工程约束与科学价值约束等条件获得 4~6 个预选安全着陆区，根据不同着陆区域所具有的科学价值进行排序，在保证着陆器安全着陆的前提下，选取科学价值最高的着陆区域进行着陆。

　　为了自主选取符合多种任务目标的着陆点，研究人员在参考以往任务选取经验与要素的基础上，建立了着陆点选取的数学模型。SERRANO N 构造了着陆安全性与地形安全性、速度增量、科学价值三种指标间的贝叶斯网络，结合探测器当前状态对转移至不同目标点的燃耗进行预测，采用因果推理方法得到具有最优期望着陆性能的着陆点[35]。Cohanim 和 Collins 在考虑最小着陆面积的基础上对各要素进行量化评估,将结果加权融合形成二维综合代价图,采用贪婪算法搜索得到综合代价最低的像素点作为备选着陆点。SIMOES L F 等人综合考虑了任务约束、着陆点可见性、探测器安全性与可达能力等因素,构建了着陆点多指标动态评估模型,将粒子群优化算法与禁忌搜索算法相结合,搜索并跟踪下降过程中各时刻的最优着陆点,实现了搜索空间不断变化、地形细节不断丰富情况下的着陆点快速确定[36]。Parreira 等人通过对下降过程中任务着陆点的实时评估,实现了探测器在可达范围内着陆点的在线更新。CUI P 等人提出的“安全因子”方法统一考虑了影响着陆点选择的综合要素及环境扰动和系统误差对探测器着陆性能的影响,通过设定安全阈值实现对着陆点的初步筛选,提高了在线选取着陆点的计算效率[37]。

1.3　本书主要内容

本书围绕地外天体着陆环境与约束问题,从天体模型、引力场表征、星表特征提取、着陆位姿确定、着陆轨迹规划等方面,系统地介绍着陆自主光学导航与制导的基础理论与技术方法,包括基于图像信息的天体建模方法、天体引力场快速预测方法、着陆星表特征提取与处理方法、着陆自主位姿确定方法、安全着陆轨迹规划与制导方法,通过以实际着陆探测任务为背景,结合着陆过程的不同阶段与外界条件,提出了综合导航制导与控制系统典型设计案例。书中既包括地外天体着陆自主导航与制导的基础理论,又含有自主光学导航与制导系统设计思想与实用方法。本书的主要章节内容如下:

第 1 章回顾了国内外地外天体着陆任务的发展与典型案例,并针对不同天体类型分析了着陆任务的特点。在此基础上,着重针对着陆段导航与制导控制的自主性需求,给出地外天体着陆自主导航与制导技术面临的难点与挑战。

第 2 章提出了基于绕飞段图像信息的小天体表面模型构建方法。首先介绍了图像特征匹配算法，对小天体表面图像进行处理，提取了特征点并匹配筛选，计算出二维特征点在三维空间中的位置即小天体的点云模型，然后对点云模型进行三角剖分处理，最终获得小天体的网格模型。

第 3 章以所获得的小天体模型作为研究对象，介绍了两种引力场建模方法，并分析了两种方法在小天体上应用的结果。针对传统多面体引力场建模方法计算量大的问题，引入了数据统计的概念，提出了基于快速预测模型的引力场预测算法，避开了复杂的传统运算，得到场点位置与引力加速度的映射关系。

第 4 章对着陆星表特征提取与处理方法进行了介绍，在星表特征提取基本原理的基础上，介绍了两种基于机器学习的陨石坑检测方法。提出了基于支持向量机的陨石坑图像预检测方法，同时采用聚类分析法对着陆地形图像的边缘特征点进行筛选；在此基础上，介绍了全新的利用全卷积神经网络对地外天体表面陨石坑进行像素级别快速识别的方法。

第 5 章介绍了着陆自主位姿确定方法。在地形特征检测和匹配的基础上，对基于视线矢量测量的着陆自主位姿确定方法进行了详细介绍，并从导航方案构建、可观测性分析、滤波算法设计等方面，给出了导航路标的选取准则和基于扩展卡尔曼滤波的探测器位姿估计器。

第 6 章以有大气行星着陆进入探测任务为背景，介绍了行星进入轨迹的快速优化与评估方法。针对目前已有的研究成果在求解行星进入可达集时很难兼顾分析结果的最优性以及求解效率的问题，从智能数据统计的角度出发，给出了一种利用贝叶斯理论的行星进入段最大终端高度轨迹优化与快速评估方法，并对进入轨迹特性与飞行能力进行深入分析，为行星着陆探测任务的设计提供参考帮助。

第 7 章针对星表复杂地形安全着陆问题，介绍了障碍检测与安全着陆制导策略。对不同障碍类型检测方法进行分析，提出了基于特征分布统计信息的行星地形安全评估准则，弥补了障碍检测方法在多类型复杂障碍地形检测评估中的缺陷；在此基础上，介绍了基于李雅普诺夫函数的行星安全着陆制导策略设计方法。

第 8 章基于随机地形生成方法建立了行星表面地形特征模型库，在此基础上，构建了行星着陆导航与制导综合仿真环境，分别针对导航路标精度、初始状态偏差、光照条件影响、地形分布特征等因素，对着陆导航与制导方法性能进行了仿真分析，提出了基于星表特征的行星着陆导航方案与制导策略设计中需要注意的问题。

参 考 文 献

[1] MARR D. Vision: A Computational Investigation into the Human Representation and Processing of Visual Information [J]. The Quarterly Review of Biology, 1983, 58 (2): XVI, 397.

[2] PREUSKER, et al. Geomorphology and spectrophotometry of Philae's landing site on comet 67P/Churyumov – Gerasimenko [J]. Astronomy & Astrophysics, 2016 (583): A41.

[3] WATANABE, et al. The geomorphology, color, and thermal properties of Ryugu: Implications for parent – body processes [J]. Science, 2019, 364 (6437): eaaw0422.

[4] GOLISH D R, SHULTZ N K, BECKER T L, et al. A high – resolution normal albedo map of asteroid (101955) Bennu [J]. Icarus, 2021 (355): 114 – 133.

[5] 邵巍，常晓华，崔平远，等. 惯导融合特征匹配的小天体着陆导航算法 [J]. 宇航学报，2010，31 (7): 1748 – 1755. DOI: 10.3873/j. issn. 1000 – 1328. 2010. 07. 008.

[6] 蓝朝桢，耿迅，徐青，等. 基于序列影像的小天体三维形状重建方法研究 [J]. 深空探测学报，2014，1 (2): 140 – 145.

[7] WANG Y, XU S. Gravity gradient torque of spacecraft orbiting asteroids [J]. Aircraft Engineering and Aerospace Technology, 2013, 85 (1): 72 – 81.

[8] HOBSON E W. The theory of spherical and ellipsoidal harmonics [M]. CUP Archive, 1955.

[9] GARMIER R, BARRIOT J P, KONOPLIV A S, et al. Modeling of the Eros gravity field as an ellipsoidal harmonic expansion from the NEAR Doppler tracking data [J]. Geophysical Research Letters, 2002, 29 (8): 72 – 71.

[10] TAKAHASHI Y, SCHEERES D. Surface Gravity Fields for Asteroids and Comets [Z]. 22nd AAS/AIAA Space Flight Mechanics Meeting, AAS Paper 2012, 12 - 224.

[11] BARNETT C T. Theoretical modelling of the magnetic and gravitational fields of an arbitrarily shaped three - dimensional body [J]. Geophysics, 1976 (41). 1353 - 1364.

[12] JIANG Y, CHENG B, BAOYIN H X, et al. Calculation and analysis of the impact defense to the Potentially hazardous asteroids [J]. Journal of Deep Space Exploration, 2017, 4 (2). 190 - 195.

[13] GEISSLER P, PETIT J M, DURDA D D, et al. Erosion and ejecta reaccretion on 243 Ida and its moon [J]. Icarus, 1996, 120 (1). 140 - 157.

[14] HU S C, JI J H. Using Chebyshev polynomials interpolation to improve the computation efficiency of gravity near an irregular - shaped asteroid [J]. Research in Astronomy and Astrophysics, 2017, 17 (12). 120.

[15] YANG H, LI S, SUN J. A fast Chebyshev polynomial method for calculating asteroid gravitational fields using space partitioning and cosine sampling [J]. Advances in Space Research, 2020, 65 (4). 1105 - 1124.

[16] WAL S V, REID R G, SCHEERES D J. Simulation of Nonspherical Asteroid Landers. Contact Modeling and Shape Effects on Bouncing [J]. Journal of Spacecraft and Rockets, 2020, 57 (1). 109 - 130.

[17] OLSON C F. Improving the generalized Hough transform through imperfect grouping [J]. Image and Vision Computing, 1998, 16 (9). 627 - 634.

[18] JOHNSON A. Surface landmark selection and matching in natural terrain [C]. Computer Vision and Pattern Recognition, 2000. Proceedings. IEEE Conference on. Hilton Head Island, SC. Institute of Electrical and Electronics Engineers (IEEE), 2000, 2. 413 - 420.

[19] CHENG Y, JOHNSON A E, MATTHIES L H, et al. Optical Landmark Detection for Spacecraft Navigation [C] // Aas/aiaa Space Flight Mechanics Meeting. 2003. 103 - 115.

[20]　　BANDEIRA L，SARAIVA J，PINA P. Impact crater recognition on Mars based on a probability volume created by template matching [J]. IEEE Transactions on Geoscience and Remote Sensing，2007，45（12）：4008 – 4015.

[21]　　DOWNES L，STEINER T J，HOW J P. Deep Learning Crater Detection for Lunar Terrain Relative Navigation [C] //AIAA Scitech 2020 Forum. 2020：1838.

[22]　　BURL M C，THOMPSON D R，DEGRANVILLE C，et al. Rockster：Onboard Rock Segmentation Through Edge Regrouping [J]. Journal of Aerospace Information Systems，2016：329 – 342.

[23]　　CASTANO R，JUDD M，ESTLIN T，et al. Current results from a rover science data analysis system [C]. Aerospace Conference，2005 IEEE. Big Sky，MT：Institute of Electrical and Electronics Engineers （IEEE），2005：356 – 365.

[24]　　HUERTAS A，CHENG Y，MATTHIES L H. Automatic hazard detection for landers [J]. 2008.

[25]　　DUNLOP H，THOMPSON D R，WETTERGREEN D. Multi – scale features for detection and segmentation of rocks in mars images [C] // 2007 IEEE Conference on Computer Vision and Pattern Recognition. IEEE，2007：1 – 7.

[26]　　HUA S，HUANG H，YIN F，et al. Constant – gain EKF algorithm for satellite attitude determination systems [J]. Aircraft Engineering and Aerospace Technology，2018.

[27]　　CHEN J，MASDEMONT J J，GÓMEZ G，et al. An efficient statistical adaptive order – switching methodology for kalman filters [J]. Communications in Nonlinear Science and Numerical Simulation，2021 （93）：105539.

[28]　　PIRASTEH – MOGHADAM M，SARYAZDI M G，LOGHMAN E，et al. Development of neural fractional order PID controller with emulator [J]. ISAtransactions，2020（106）：293 – 302.

[29]　　TAGHAVIFAR H. EKF estimation based PID Type – 2 fuzzy control of electric cars [J]. Measurement，2020.

[30] 郭士荦，王春雨，常丽敏，等. 鲁棒渐消 CKF 及其在 SINS 初始对准中的应用 [J]. 仪器仪表学报，2020 (4)：95 - 101.

[31] 侯晓磊，张聪哲，刘勇，等. 基于盒粒子滤波的低成本皮纳卫星高效姿态确定算法 [J]. 宇航学报，2020，41 (8)：1032 - 1041.

[32] HUNTINGTON G T. Advancement and Analysis of a Gauss Pseudospectral Transcription for Optimal Control Problems [D]. Cambridge： Massachusetts Institute of Technology，2007.

[33] JOHNSON A E，KLUMPP A R，COLLIER J B，et al. Lidar - Based Hazard Avoidance for Safe Landing on Mars [J]. Journal of Guidance Control & Dynamics，2002，25 (6)：1091 - 1099.

[34] LONG J，GAO A，CUI P. Controllable set analysis for planetary landing under model uncertainties [J]. Adv Space Res，2015 (56)： 281 - 292.

[35] SERRANO N. A bayesian framework for landing site selection during autonomous spacecraft descent [C]. In：IEEE/RSJ International Conference on Intelligent Robots and Systems. Beijing，2006.

[36] SIMOES L F，BOURDARIAS C，RIBEIRO R A. Real - time planetary landing site selection：A non - exhaustive approach [J]. Acta Futura， 2012 (5)：39 - 52.

[37] CUI P，GE D，GAO A. Optimal landing site selection based on safety index during planetary descent [J]. Acta Astronaut，2017 (132)： 326 - 336.

第 2 章　基于图像信息的天体模型

在天体探测阶段，动力学环境计算是保证探测任务圆满成功的基础。但对于距离地球遥远的天体，仅依靠地面观测难以获得探测器动力学模型中所需的精确引力模型。这对于体积小且形状不规则的小天体更突出。在初次探测小天体时，人们对小天体附近的动力学环境及小天体的形状信息了解得不够全面，使探测任务中出现误差。为了能够获得精确的小天体形状数据以对小天体附近的动力学环境进行深入研究，保证探测任务的成功执行，需要在探测器绕飞过程中，利用探测器在轨时小天体的图像信息还原小天体在宇宙中的三维模型，以此来作为修正小天体动力学环境和信息的依据。对小天体模型数据的构建是必要的，也是后续探测任务的研究基础。

本章选用基于斑点特征检测的特征点提取方法获得二维图像特征点，使用 RANSAC 筛选方法来选取合适的匹配点，并在此基础上恢复出小天体特征点在三维空间中的位置即点云模型。为了更方便地进一步研究小天体附近的动力学环境，点云模型最终转化为三维网格模型，为小天体动力学环境的计算提供较为精确的数据信息。

2.1　天体图像特征点提取匹配算法

2.1.1　图像特征点提取算法

特征点的提取算法在计算机视觉领域的用途广泛，包括视觉跟踪、三维重建、目标识别、图像检索、图像配准、模式识别等[1-5]。在应用领域上，在机械、医学、航空等行业用途广泛[6-9]。在小天体的光学导航和三维模型重建领域也有所应用[10-12]，借助特征点的信息，小天体的点云散点模型能够被精确还原并转化为网格形式。

目前，图像特征点主要被分为角点和斑点这两种特征类型。由于探测器在绕飞段的动力学环境不稳定，干扰较多，位置姿态变化较大，导致拍摄图像出现旋转、缩放、平移等变化。而基于角点探测的特征点提取方法容易受噪声影响，因此基于斑点检测的特征点提取方法更适用于小天体的三维模型重建。SIFT（Scale Invariant Feature Transform）是一种用来探测图像中局部特征的检测方法，它在尺度空间中寻找极值点及其位置、旋转不变量、尺度，此算法由 LOWE D G 在 1999 年发表，2004 年完善[13]。由于庞大的特征计算导致提取特征点的过程耗费时间，所以在需要保证运算时间的场合难以应用。为解决 SIFT 特征描述符维度高、计算量大的问题，学者们提出了多种改进方法[14-18]。比较有代表性的方法为 BAY 等人提出的 SURF（Speeded Up Robust Features）特征点提取算法[19]，以更加快速的方法完成了特征的提取计算，改进了特征的提取和描述方式。

Hessian 矩阵是 SURF 算法的核心，SURF 依靠 Hessian 矩阵判别式的局部最大值定位特征点位置。每一个像素点都可以求出一个 Hessian 矩阵。

$$\boldsymbol{H}(f(x,y)) = \begin{pmatrix} \dfrac{\partial^2 f}{\partial x^2} & \dfrac{\partial^2 f}{\partial x \partial y} \\ \dfrac{\partial^2 f}{\partial x \partial y} & \dfrac{\partial^2 f}{\partial x^2} \end{pmatrix} \tag{2-1}$$

Hessian 矩阵的判别式为

$$det(H) = \frac{\partial^2}{\partial x^2} \frac{\partial^2 f}{\partial y^2} - \left(\frac{\partial^2 f}{\partial x \partial y} \right) \tag{2-2}$$

当 Hessian 矩阵判别式达到局部最大时，通过判定当前点与周围邻域内其他点的比较来确定特征点的位置。检测出的实际是斑状结构，即比周围区域更亮或更暗的小区域。

给定一个点 $X = (x, y)$，在点 X 处，尺度为 σ 的 Hessian 矩阵定义如下

$$H(x,\sigma) = \begin{pmatrix} L_{xx}(x,\sigma) & L_{xy}(x,\sigma) \\ L_{xy}(x,\sigma) & L_{yy}(x,\sigma) \end{pmatrix} \qquad (2-3)$$

其中，$L_{xx}(x,\sigma)$ 表示高斯二阶偏导在像素点处与图像函数的卷积。

判断特征点的位置，需要找到不同尺度的极值，须建立尺度空间金字塔。传统的方法是利用高斯函数，结合平滑滤波对图像进行处理，重复采样图像以构建金字塔。在 SIFT 算法中，通过金字塔中相邻两层图像相减，可得到高斯差分图像，再进行特征检测。在 SURF 算法当中，与 SIFT 不同的是，SURF 不需要对图像迭代下采样。通过改变盒式滤波的大小，同原始图像在不同方向上做卷积，得到各尺度的空间函数。在构建金字塔的过程中，SURF 算法使用了盒式滤波近似代替了 SIFT 算法中的二阶高斯函数，与原始图像做卷积。应用了积分图像的技巧，此方法提高了 SURF 算法的运算速度。图 2-1 为两种滤波器的对比示意图。

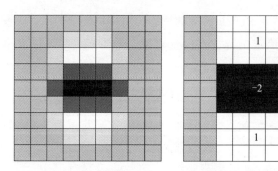

图 2-1　高斯滤波器与盒式滤波器的对比示意图

在 SURF 的尺度空间金字塔中，尺度空间需要分成若干组。每组代表了对同一张输入图像进行滤波处理的图像序列。每组又包括若干层。尺度越来越大会导致检测到的斑点数量不断减少，一般取 3~4 组（见图 2-2）。

为在图像及不同尺寸中定位特征点，通常采用 3×3×3 邻域进行特征点的检测。图 2-3 给出了特征点的定位方法，该尺度层图像

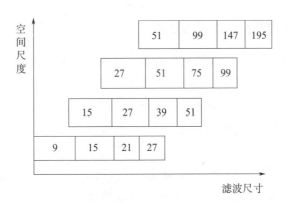

图 2-2　尺度空间示意图

中 9 个像素点之一检测特征点与自身尺度层中其余 8 个点和在其上下的两个尺度层 9 个点进行比较,一共 26 个点,图中标记 * 的像素点的特征值若是这 26 个点中的最大值,即可认为是候选特征点。再通过筛选掉小于某个阈值的特征点,获得最终稳定的特征点。

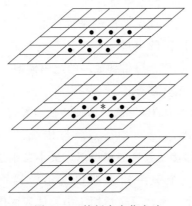

图 2-3　特征点定位方法

为与 SIFT 特征一致,保证特征的旋转不变性,每个特征点需要分配一个主方向,往往采用 Haar 小波响应求取。特征点的方向反映了灰度变化剧烈的方向。

2.1.2　图像特征点匹配筛选算法

学者们针对特征点错配问题进行了研究，常用的图像特征点误匹配去除方法大致可以分成三类：基于函数模型拟合的方法[20]、基于图像变换的方法[21]和基于统计模型的方法。FISCHLER M A 和 BOLLES R C 两人提出的 RANSAC 算法[22]是基于统计模型方法中经典的算法，广泛用于图像特征点匹配筛选。一组包含局外点的观测数据集中，RANSAC 算法通过不断迭代估计数学模型的参数，找到符合要求的局内点。在图像特征匹配的过程中，RANSAC 算法用于筛选提取出来的特征点，将误匹配的点删除掉。

RANSAC 算法的输入是一组图像匹配点，往往含有误匹配的结果。在小天体的图像特征点识别问题中，假设模型 M 适应于随机选定的几组匹配点，M 为两幅图像中特征点组的转换矩阵。用模型 M 去测试所有的数据，如果某些匹配点可以满足 M，这些点就被称为局内点。局内点越多，模型就越合理。之后，重新选取初始局内点，重新估计模型，并且通过误匹配率来评估新的模型。不断重复上述计算步骤，由于误匹配的点过多，或者产生新的模型，就会不断地更新 M。经过不断迭代，可得到最终的适用模型。图 2—4 给出了图像特征点匹配筛选的示意图。

可知，利用 RANSAC 算法，即使特征点经过旋转、特征尺度变换，也可以筛选出匹配的特征点。与传统的最小二乘法相比，RANSAC 算法能够接受大量的错误点。最小二乘法适合于误差较小的情况，当面对一个噪声较大的数据集中提取模型的问题时，RANSAC 优于最小二乘法，也适用于小天体表面图像的特征点匹配问题。

选取小天体 433Eros 表面的图像[23-25]，分辨率为 498×343，图像组选自 2000 年 4 月 23 日 NEAR 探测器在 433Eros 附近拍摄的影像。探测器轨道高度为 51 km，图像间隔为 5 min，可以清晰地看到小天体表面的情况。利用 SURF 和 RANSAC 算法进行特征点的匹

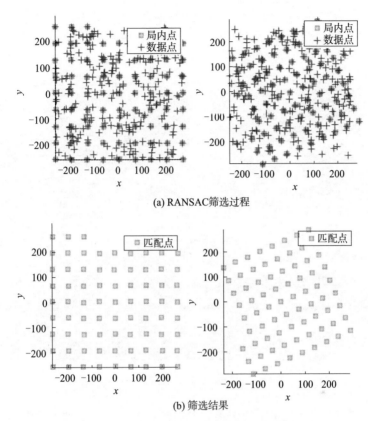

(a) RANSAC筛选过程

(b) 筛选结果

图 2 - 4　图像特征点匹配筛选的示意图

配和筛选。筛选过程中的参数见表 2 - 1。

表 2 - 1　图像匹配过程参数

参　　数	数　　值
最大特征点数	250
比例阈值	0.86
图像堆组数	3
每组图像堆中间层数	4
描述符维度	64

图 2-5 给出了相邻两帧图像间特征点匹配筛选的结果，经过提取和筛选，获得的特征点为 243 个，其中误匹配 93 个，正确匹配率为 62%。

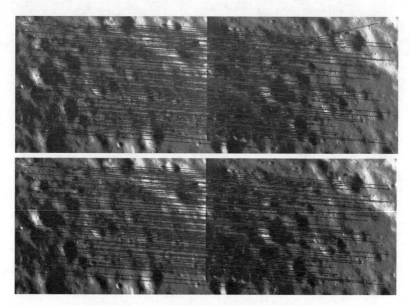

图 2-5　相邻图像间的特征点匹配结果

可知，当图像组中的图像相邻间隔短时，获得的匹配点数量能够满足提取图像特征的要求。在表 2-2 中，列出了在 SIFT 算法和 SURF 算法下，5 组不同图像组之间的匹配正确率和匹配时间。

表 2-2　SIFT 算法和 SURF 算法下不同图像组之间的匹配结果

图像组	时间间隔/min	准确率(SIFT)	准确率(SURF)	时间(SIFT)/s	时间(SURF)/s
(1,2)	5	46%	62%	8.37	2.02
(1,3)	10	37%	48%	8.42	2.21
(1,4)	15	31%	38%	8.70	2.30
(1,5)	20	22%	28%	9.65	2.14
(1,6)	25	8%	18%	10.18	2.02

在 SIFT 和 SURF 两种算法提取匹配点时，最大的特征点选取数均在 250 个。随着时间间隔越来越大，可以发现，误匹配的比例越来越高。图像间偏移越大，获取足够的正确匹配点的难度越大，在三维重建的过程当中，要优先考虑间隔较短的、特征更相似的图像序列。此外，在正确匹配率高于 SIFT 方法的情况下，SURF 算法的计算时间更短，在 SIFT 算法的三分之一左右。由于 SURF 在尺度空间上的构建方法不同，使用 SURF 算法进行图像特征点匹配能够缩短匹配时间。

2.2　基于特征点的天体点云模型构建

2.2.1　相机模型的建立

小天体三维重建的本质是通过特征点在图像中的位置恢复出其在三维空间中的位置，相机模型的建立是研究基于图像信息重建三维模型的基础。相机可以抽象为小孔成像模型，小天体的像映射到达成像平面。三维场景与像平面中的像存在着转换关系。根据转换关系，可利用二维图像中的点信息恢复真实世界中小天体的三维信息。相机将实物投影到像平面的转换关系如图 2-6 所示。

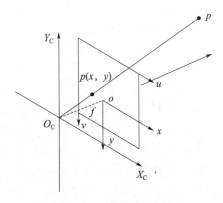

图 2-6　成像示意图

特征点 p 在相机坐标系下的坐标经过投影到图像坐标系下，最终变为照片中的像素。其中包含两个过程：一是从相机坐标到像坐标 $(x，y)$ 所发生的透视投影；二是从像坐标到像素坐标 $(u，v)$ 的变换。像素坐标与图像像平面坐标系之间的关系为

$$\begin{cases} u = \dfrac{x}{\mathrm{d}x} + u_0 \\[2mm] v = \dfrac{y}{\mathrm{d}y} + v_0 \end{cases} \tag{2-4}$$

其中，$(u_0，v_0)$ 是图像平面中心，$(u，v)$ 是特征点在像素坐标系中的位置，$(x，y)$ 为特征点在空间图像坐标中的位置。转换关系也可以表示为

$$\begin{pmatrix} u \\ v \\ 1 \end{pmatrix} = \begin{pmatrix} \dfrac{1}{\mathrm{d}x} & 0 & u_0 \\[2mm] 0 & \dfrac{1}{\mathrm{d}y} & v_0 \\[2mm] 0 & 0 & 1 \end{pmatrix} \begin{pmatrix} x \\ y \\ 1 \end{pmatrix} \tag{2-5}$$

根据小孔成像原理，从相机坐标系到图像坐标系，属于透视投影关系，是从三维空间到平面的关键，转换关系可以表示为

$$z_C \begin{pmatrix} x \\ y \\ 1 \end{pmatrix} = \mathbf{R} \begin{pmatrix} X_C \\ Y_C \\ Z_C \\ 1 \end{pmatrix} \tag{2-6}$$

$$\mathbf{R} = \begin{pmatrix} f & 0 & 0 & 0 \\ 0 & f & 0 & 0 \\ 0 & 0 & 1 & 0 \end{pmatrix} \tag{2-7}$$

其中，转换矩阵 $\mathbf{R}$ 为透视投影矩阵。此外，为了获取小天体表面特征点的位置坐标，需要获得小天体质心坐标系与相机坐标系之间的转换关系，令 P 为小天体质心坐标系中的一点，则 P 在相机坐标系的坐标与小天体质心坐标系坐标间的关系可以表示为

$$\begin{pmatrix} x_C \\ y_C \\ z_C \end{pmatrix} = \boldsymbol{R}_{CA} \begin{pmatrix} x_A \\ y_A \\ z_A \end{pmatrix} + \boldsymbol{T} \tag{2-8}$$

其中，$\boldsymbol{R}_{CA}$ 为从小天体质心坐标系到相机坐标系的转换矩阵，$\boldsymbol{T}$ 为平移矢量，也可以表示成

$$\begin{pmatrix} x_C \\ y_C \\ z_C \\ 1 \end{pmatrix} = \begin{pmatrix} \boldsymbol{R}_{CA} & \boldsymbol{T} \\ 0 & 1 \end{pmatrix} \begin{pmatrix} x_A \\ y_A \\ z_A \\ 1 \end{pmatrix} \tag{2-9}$$

综上所述，像素点到小天体质心坐标系的转换关系为

$$z_C \begin{pmatrix} u \\ v \\ 1 \end{pmatrix} = \begin{pmatrix} \dfrac{1}{\mathrm{d}x} & 0 & u_0 \\ 0 & \dfrac{1}{\mathrm{d}y} & v_0 \\ 0 & 0 & 1 \end{pmatrix} \begin{pmatrix} f & 0 & 0 & 0 \\ 0 & f & 0 & 0 \\ 0 & 0 & 1 & 0 \end{pmatrix} \begin{pmatrix} \boldsymbol{R} & \boldsymbol{T} \\ 0 & 1 \end{pmatrix} \begin{pmatrix} x_A \\ y_A \\ z_A \\ 1 \end{pmatrix} = \boldsymbol{K}\boldsymbol{N} \begin{pmatrix} x_A \\ y_A \\ z_A \\ 1 \end{pmatrix}$$

$$\tag{2-10}$$

$$\boldsymbol{K} = \begin{pmatrix} f_x & 0 & u_0 & 0 \\ 0 & f_y & v_0 & 0 \\ 0 & 0 & 1 & 0 \end{pmatrix}, \ \boldsymbol{N} = \begin{pmatrix} \boldsymbol{R} & \boldsymbol{T} \\ 0 & 1 \end{pmatrix} \tag{2-11}$$

其中，$\boldsymbol{K}$ 为相机的内参矩阵，和相机自身的内部参数有关，可通过标定获得。$\boldsymbol{N}$ 称为外参矩阵，和相机的参数无关，与相机在小天体坐标系中的位置有关。获得了像素点与小天体坐标系下坐标点的关系后，就可以结合图像中的特征点信息来恢复小天体的三维点云模型。

2.2.2　天体模型点云构建

基于图像信息的小天体三维重建方法的目标在于利用二维图像重构出小天体的三维模型。在建立了相机模型和获得图像特征点的基础上，利用不同图像间的位置关系还原出小天体的三维模型。

　　在小天体坐标系中有点 p，坐标为 X，第一帧图像中，p 的像为 x_1，第二帧中为 x_2。p 到两个相机像面的垂直距离分别为 s_1 和 s_2，如图 2-7 所示。

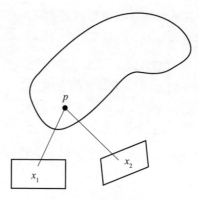

图 2-7　小天体与相平面

　　因是同一个相机，所以内参矩阵相同，与小天体固连坐标系之间的关系分别为 $(\boldsymbol{R}_1，\boldsymbol{T}_1)$ 和 $(\boldsymbol{R}_2，\boldsymbol{T}_2)$，得出下面两个等式

$$\begin{cases} s_1 x_1 = \boldsymbol{K}(\boldsymbol{R}_1 X + \boldsymbol{T}_1) \\ s_2 x_2 = \boldsymbol{K}(\boldsymbol{R}_2 X + \boldsymbol{T}_2) \end{cases} \qquad (2-12)$$

　　左乘 $\boldsymbol{K}$ 的逆，且令 $\boldsymbol{K}^{-1} x_1 = \boldsymbol{x}'_1$，$\boldsymbol{K}^{-1} x_2 = \boldsymbol{x}'_2$，则有

$$\begin{cases} s_1 \boldsymbol{x}'_1 = \boldsymbol{R}_1 X + \boldsymbol{T}_1 \\ s_2 \boldsymbol{x}'_2 = \boldsymbol{R}_2 X + \boldsymbol{T}_2 \end{cases} \qquad (2-13)$$

　　$\boldsymbol{x}'_1$ 和 $\boldsymbol{x}'_2$ 为归一化后的像坐标，和图像的大小没有关系，且原点位于图像中心。

　　先假设第一帧图片的相机坐标系为世界坐标系，这时 $\boldsymbol{R}_1 = \boldsymbol{I}$，$\boldsymbol{T}_1 = \boldsymbol{0}$。式（2-13）则变为

$$\begin{cases} s_1 \boldsymbol{x}'_1 = X \\ s_2 \boldsymbol{x}'_2 = \boldsymbol{R}_2 X + \boldsymbol{T}_2 \end{cases} \qquad (2-14)$$

　　将 X 代入第二个式子中，有

$$s_2 \boldsymbol{x}'_2 = s_1 \boldsymbol{R}_2 \boldsymbol{x}'_1 + \boldsymbol{T}_2 \qquad (2-15)$$

x_2' 和 T_2 是三维向量，做外积之后得到另一个三维向量，用该向量对等式两边做内积，可推算出

$$\begin{cases} x_2'Ex_1'=0 \\ E=T_2 \times R_2 \end{cases} \tag{2-16}$$

上式推出了不同图像间特征点的关系。两者之间的关系与点到相机的距离、点的空间坐标无关。通过特征点筛选匹配方法，得到满足条件的特征点并解算出矩阵 E。于是有了两帧图像之间的变换矩阵和每对匹配点的坐标。经推导后，有

$$s_2x_2=K(R_2X+T_2) \tag{2-17}$$

用 x_2 对等式两边做外积，可得

$$\hat{x}_2KR_2X=-\hat{x}_2KT_2 \tag{2-18}$$

为了取逆求解，化为其次方程：

$$\hat{x}_2K(R_2T)\begin{pmatrix} X \\ 1 \end{pmatrix}=0 \tag{2-19}$$

X 利用 SVD 方法获得。此三维模型的重建方法被称为三角化法，分别利用两个相机的光心过 x_1 和 x_2 的延长线，求解延长线的交点。获得两帧图像之间的关系之后，通过第二帧图像与第三帧图像进行特征匹配。在新获得的特征点中存在已经匹配的特征点，即部分特征点的坐标是已知的。这些点在第三帧图像中的像素坐标也是已知的，推导出第三幅图像和第一幅图像间的转换关系和特征点三维空间。

根据获取的小天体 433Eros 以及 Bennu 的绕飞图像序列[23-25]，通过上述三维点云构建方法，恢复出特征点在三维空间中的位置。图 2-8 展示了 433Eros 与 Bennu 经过特征点提取和构建点云后的稀疏点云模型。

在三维稀疏点云构建的过程中，两个小天体分别利用了 80 帧和 134 帧的图像，提取了 8 046 个和 3 234 个特征点。但在三维重建的过程中，稀疏点云无法恢复小天体表面的形状，得到稀疏点云后，利用 PMVS 算法[26,27]对稀疏点云进行匹配、扩散、过滤，增加点云

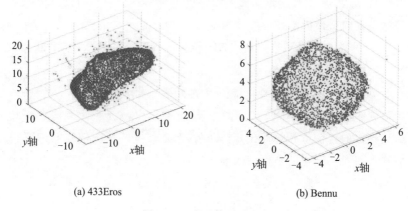

(a) 433Eros

(b) Bennu

图 2 - 8　小天体稀疏点云

中点的数量，去除多余的点，以获得小天体模型的三维稠密点云，图 2 - 9 为经过稠密重建处理的稠密点云模型。

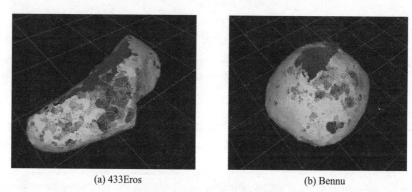

(a) 433Eros

(b) Bennu

图 2 - 9　小天体的稠密点云模型

2.3　天体点云模型的网格化方法

　　建立小天体的点云模型后，为计算小天体附近的动力学环境，需对点云模型进行三角剖分，将点云模型转化成三角网格模型。Boris Delaunay 最早提出 Delaunay 三角剖分的概念[28]。Delaunay 三角剖分有两个特性，即唯一性和最大化最小角。目前采用逐点插入方式生成三角网的算法主要基于 Bowyer – Watson 算法[29,30]，步骤如下：

1）假定已经连接了目前顶点的初始 Delaunay 三角网格 T。

2）在三角网格 T 里面再插入一个点 P，需要找到点 P 所在的三角形和与该三角形相邻的三角形。利用 P 所在的三角形创造外接球，比较 P 点到外接圆心的距离 L 以及外接圆的半径 R。若 L < R，删除该外接圆对应的三角形并以 P 点为顶点生成新的三角形。若 L = R，保留该三角形。对相邻的三角形做同样的比较。

3）插入新的散点并重复步骤 2），直到所有的散点形成一个三角网格整体。

图 2 – 10 为 Bowyer – Watson 三角剖分算法的执行示意图。

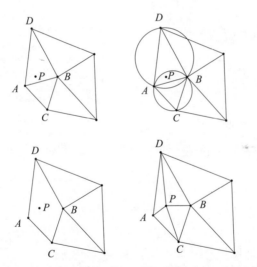

图 2 – 10　Bowyer – Watson 三角剖分算法的执行示意图

三维空间中，利用四面体和外接圆即可实现多面体的三角剖分。利用 Delaunay 三角剖分将 2.2.2 小节中的小天体点云模型进行网格化。删除多余的点并利用 Meshlab 软件对稠密点云进行重拓扑整理，得到更加均匀的点云模型，对模型进行网格化处理，获得的点云模型和三维网格模型如图 2 – 11 所示。

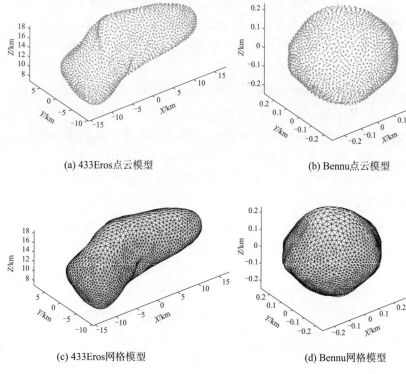

(a) 433Eros点云模型　　　　　　　　　(b) Bennu点云模型

(c) 433Eros网格模型　　　　　　　　　(d) Bennu网格模型

图 2－11　小天体三维网格模型

　　经过三角网格重建以及重拓扑，最终获得的小天体三维模型如图 2－11 所示。433Eros 的三维模型由 3 218 个三角面和 1 611 个顶点组成，Bennu 的三维模型由 4 494 个三角面和 2 249 个顶点组成。两个小天体的体积分别为 2 787 km³ 和 0.055 km³。

　　选取不同数量的特征点，获得了不同的小天体三维模型，图 2－12 展示了拥有不同特征点的小天体模型。

　　大量的特征点意味着模型能够更加准确地逼近小天体的真实形状，可以为后续的动力学环境计算提供可靠的数据，但过于复杂的三维模型带来计算的冗余，图 2－13 显示了两个小天体的体积随三角面数不同的变化。

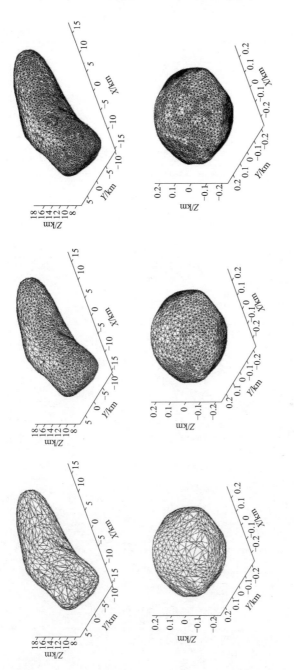

图 2 - 12　不同面数的小天体模型

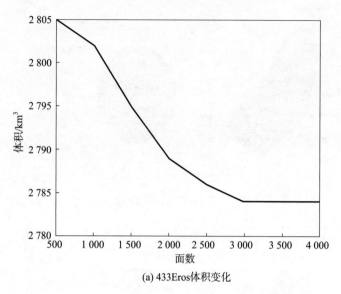

(a) 433Eros体积变化

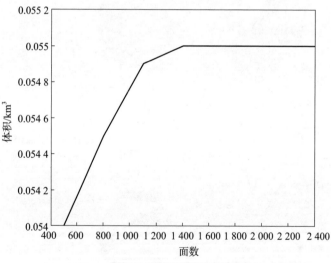

(b) Bennu体积变化

图 2-13　小天体体积的变化

　　可知，当三角面数不断增加时，小天体的体积逐渐稳定为固定值，即再增加面的数量对精确度的影响不大，不必再增加特征点的数量。最终选取了 3 000 面的 433Eros 模型和 1 000 面的 Bennu 模型作为后续的研究对象。

参 考 文 献

[1] RICHARD SZELISKI. 3D reconstruction [M]. Computer Vision. Springer London，2011.

[2] HAN P，WU J，WU R. SAR Target feature extraction and recognition based on 2D – DLPP [J]. Physics Procedia，2012 (24)：1431 – 1436.

[3] ZHANG Q，IZQUIERDO E. Combining low – level features for semantic extraction in image retrieval [J]. EURASIP journal on advances in signal processing，2007 (2007)：1 – 12.

[4] HASSO M A R，ELYAS R M. Fast Image Registration Based on Features Extraction and Accurate Matching Points for Image Stitching [J]. International Journal of Computer Science Issues (IJCSI)，2014，11 (5)：138.

[5] AL OMARI F，HUI J，MEI C，et al. Pattern recognition of eight hand motions using feature extraction of forearm EMG signal [J]. Proceedings of the National Academy of Sciences，India Section A：Physical Sciences，2014，84 (3)：473 – 480.

[6] AGUILAR W G，CASALIGLLA V P，POLIT J L. Obstacle Avoidance for Low – Cost UAVs [C]. IEEE International Conference on Semantic Computing. IEEE，2017.

[7] TSAI C C，CHANG C W，TAO C W. Vision – Based Obstacle Detection for Mobile Robot in Outdoor Environment [J]. Journal of Information Science & Engineering，2018，34 (1)：21 – 34.

[8] ZHIXUE T，TAO Z，LILE H E，et al. Localization and Driving Speed Detection for Construction Vehicles Based on Binocular Vision [J]. China Mechanical Engineering，2018，29 (4)：423 – 428.

[9] AHDI A，RABBANI H，VARD A. Registration of Optical Coherence Tomography (OCT) of Optic Nerve Head and Fundus Images Using

Speeded – Up Robust Features (SURF) and Random Sample Consensus (RANSAC) Algorithms [J]. Journal of Isfahan Medical School, 2016, 33 (360): 2027 – 2036.

[10] BU Y, YANG Y, TANG W, et al. Constraints – Based Optical Hybrid Navigation for Small – Body Close Flybys [J]. Journal of guidance, control, and dynamics, 2019, 42 (5): 1093 – 1104.

[11] KAWAGUCHI J, HASHIMOTO T, KUBOTA T. Autonomous Optical Guidance and Navigation Strategy Around a Small Body [J]. Journal of Guidance Control & Dynamics, 2015, 20 (5): 1010 – 1017.

[12] BHASKARAN S, SUMITA NANDI. Small Body Landings Using Autonomous Onboard Optical Navigation [J]. Journal of the Astronautical Sciences, 2011, 58 (3): 409 – 427.

[13] LOWE D G. Distinctive Image Features from Scale – Invariant Keypoints [J]. International Journal of Computer Vision, 2004, 60 (2): 91 – 110.

[14] DUAN R D. Alkaline sphingomyelinase: an old enzyme with novel implications [J]. Biochimica et Biophysica Acta (BBA) – Molecular and Cell Biology of Lipids, 2006, 1761 (3): 281 – 291.

[15] LIU X, TIAN Z, LENG C, et al. Remote sensing image registration based on KICA – SIFT descriptors [C] //2010 Seventh International Conference on Fuzzy Systems and Knowledge Discovery. IEEE, 2010 (1): 278 – 282.

[16] MOREL J M, YU G. ASIFT: A new framework for fully affine invariant image comparison [J]. SIAM journal on imaging sciences, 2009, 2 (2): 438 – 469.

[17] BU FAN, QIU, YUEHONG, LIU JINXIA, et al. Improved bidirectional image registration based on Radon – SIFT [J]. Journal of Computational Information Systems, 2012, 8 (12): 4997 – 5004.

[18] GHASSABI Z, SHANBEHZADEH J, SEDAGHAT A, et al. An efficient approach for robust multimodal retinal image registration based on UR – SIFT features and PIIFD descriptors [J]. EURASIP Journal on Image and Video Processing, 2013, 2013 (1): 1 – 16.

[19] BAY, HERBERT, ESS, et al. Speeded – Up Robust Features [J].

computer vision & image understanding，2008，110（3）：404 - 417.

[20]　SURHONE L M，TENNOE M T，HENSSONOW S F，et al. Harris Affine Region Detector ［M］. Betascript Publishing，2010.

[21]　AGUILAR W，FRAUEL Y，ESCOLANO F，et al. A robust graph transformation matching for non - rigid registration ［J］. Image and Vision Computing，2009，27（7）：897 - 910.

[22]　FISCHLER M A，BOLLES R C. Readings in Computer Vision Random Sample Consensus：A Paradigm for Model Fitting with Applications to Image Analysis and Automated Cartography ［J］. readings in computer vision，1987：726 - 740.

[23]　http：//near. jhuapl. edu/iod/archive. html ［EB/OL］.

[24]　https：//www. asteroidmission. org/movie/ ［EB/OL］.

[25]　https：//ssd. jpl. nasa. gov/sbdb. cgi♯top ［EB/OL］.

[26]　https：//www. di. ens. fr/pmvs/ ［EB/OL］.

[27]　YUAN - HAN O U，JIN L，DONG - YING L，et al. 3Dreconstruction method of city buildings based on MVS point cloud ［J］. computer engineering and design，2015.

[28]　SHEWCHUK J R. Delaunay refinement algorithms for triangular mesh generation ［J］. Computational Geometry Theory & Applications，2002，22（1 - 3）：21 - 74.

[29]　周雪梅，黎应飞 . 基于 Bowyer - Watson 三角网生成算法的研究 ［J］. 计算机工程与应用，2013，49（6）：198 - 200.

[30]　REBAY S. Efficient Unstructured Mesh Generation by Means of Delaunay Triangulation and Bowyer - Watson Algorithm ［J］. Journal of Computational Physics，1993，106（1）：125 - 138.

第 3 章　天体引力场快速预测方法

　　天体引力场模型的不确定性对行星着陆轨迹会造成影响，导致探测器偏离目标位置，甚至造成任务失败。相比于行星和月球，小天体引力场的不确定性对着陆轨迹的影响尤为突出。小天体质量小且形状不规则，导致其具有弱引力、逃逸速度小、表面地形复杂等特点，这对小天体引力场的建模精度提出了更高的要求。球谐函数法和多面体法是当前主流的两种小天体引力场建模方法。两种算法各有优劣，基于球谐函数的算法是解析解，运算速度快，能够保证计算的实时性，但在小天体附近难以保证精确度，对于形状复杂的小天体建模效果也不如多面体法。多面体法精确度较高，但计算量较大，无法满足实时运算。本章分析了两种方法的建模效果，进一步研究了模型精细度对于多面体算法结果的影响。与球谐函数法相比，多面体法能够得到更加精确的引力场结果，但多面体法在运算速度上比球谐函数慢了至少 2 个数量级，随着多面体模型精细复杂程度的提高，这个差距会更大。如何在保证建模精度的同时，提高建模计算效率是引力场建模研究的重要方向。

　　本章在总结分析引力场插值建模和机器学习建模这两类高效引力场建模方法基础上，详细介绍了基于高斯过程回归的引力场快速预测方法。选用多面体算法的计算结果作为预测模型的训练集。在训练集的基础上，通过选择合适的核函数和超参数来建立训练模型，这样的预测模型算法从统计学的角度出发，利用计算每种可能性出现的概率来确定每个场点所在位置的引力加速度，避开了传统引力场建模方法复杂的计算流程，提高了运算效率。根据引力场快速预测模型，对小天体附近一定范围和等高面上的引力场做对比分析，发现此引力场预测方法能够满足对引力场的高效建模需求。在选取不同训练集时发现，合适的训练集能够避免训练过程中计算的冗余，减少数据准备的过程，进一步提高运算效率。

3.1　传统引力场建模方法

　　在探测器动力学方程中，小天体的引力势是关键的一项。由于小天体的质量小，导致引力小而无法形成球体。很多小天体具有复杂的不规则外形，正是造成其附近引力场与近球形大行星或天然卫星不同的原因。对于小天体复杂引力场的建模，科研工作者提出了几种经典的方法。其中常见的是球谐函数法及多面体法。

　　球谐函数法利用中心引力项并叠加球面调和函数，用级数展开式逼近引力势能。学者们首先将球谐函数法应用于不规则引力场建模[1-3]，为了准确地表达小天体的引力场，提出了椭球谐函数的引力场建模方法[4,5]。图 3 - 1 为两种谐函数法的示意图。球谐函数法具有解析的表达式，算法简单，实时性高。

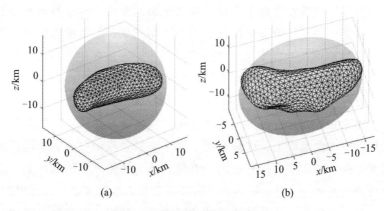

图 3 - 1　谐函数引力场建模方法

　　在绕飞过程中，为了保证探测任务的实时性，选用的引力场建模法为球谐函数法，虽然球谐函数法的精确度不如多面体法，但运算速度快，能够保证运算效率。

球谐函数引力势表达式为

$$U = \frac{G_M}{R} \sum_{n=1}^{\infty} \sum_{m=0}^{n} \left(\frac{a}{R}\right)^n \overline{P_{nm}}(\sin\phi)(\overline{C_{nm}}\cos m\lambda + \overline{S_{nm}}\sin m\lambda)$$

$$(3-1)$$

式中，$\overline{P_{nm}}$ 为完全规格化缔合勒让德多项式；G_M 为小天体的引力常数；R 为检验点到中心天体质心的距离；a 为小天体参考球体的半径；$\overline{C_{nm}}$ 和 $\overline{S_{nm}}$ 为球谐系数。

对位置矢量求偏导后，重力加速度为

$$g(R,\phi,\lambda) = \nabla U = \frac{\partial U}{\partial r} R + \frac{1}{r}\frac{\partial U}{\partial \phi}\phi + \frac{1}{r\cos\phi}\frac{\partial U}{\partial \lambda}\lambda \quad (3-2)$$

其中

$$\frac{\partial U}{\partial R} = \frac{G_M}{R^2} \sum_{n=0}^{\infty} \sum_{m=0}^{n} \left\{(n+1)\left(\frac{R_0}{R}\right)^n \overline{P_{nm}}(\overline{C_{nm}}\cos m\lambda + \overline{S_{nm}}\sin m\lambda)\right\}$$

$$\frac{\partial U}{\partial \phi} = \frac{G_M}{R^2} \sum_{n=0}^{\infty} \sum_{m=0}^{n} \left\{\left(\frac{R_0}{R}\right)^n [\overline{P_{nm+1}} - m\tan\phi \, \overline{P_{nm}}](\overline{C_{nm}}\cos m\lambda + \overline{S_{nm}}\sin m\lambda)\right\}$$

$$\frac{\partial U}{\partial \lambda} = \frac{G_M}{R^2} \sum_{n=0}^{\infty} \sum_{m=0}^{n} \left\{\left(\frac{R_0}{R}\right)^n m \, \overline{P_{nm}}(\overline{C_{nm}}\cos m\lambda - \overline{S_{nm}}\sin m\lambda)\right\}$$

根据直角坐标系与球坐标系的转换关系，引力加速度在直角坐标系下的分量为

$$g_x = \cos\phi\cos\lambda \frac{\partial U}{\partial R} - \frac{1}{R}\sin\phi\cos\lambda \frac{\partial U}{\partial \phi} - \frac{\sin\lambda}{R\cos\phi} \frac{\partial U}{\partial \lambda} \quad (3-3)$$

$$g_y = \cos\phi\sin\lambda \frac{\partial U}{\partial R} - \frac{1}{R}\sin\phi\sin\lambda \frac{\partial U}{\partial \phi} + \frac{\cos\lambda}{R\cos\phi} \frac{\partial U}{\partial \lambda} \quad (3-4)$$

$$g_z = \sin\phi \frac{\partial U}{\partial R} + \frac{1}{R}\cos\phi \frac{\partial U}{\partial \phi} \quad (3-5)$$

在接近小天体表面即布里渊球域内时，谐函数法的计算结果会存在较大误差甚至发散。因小天体的形状不规则，谐函数法不能精确地表示小天体附近的动力学环境。需要引入精确度高的引力场计算法。

另一种引力场建模法是多面体法，对于单个小天体而言，目前

的理论分析中大多以该方法求得的结果为精确值。多面体建模法利用高斯公式和格林公式将引力势中的体积分最终化为多面体棱边的线积分，再推导出场点在小天体附近的引力势、引力和引力梯度矩阵的表达式。图 3-2 展示了多面体引力场建模方法的示意图。

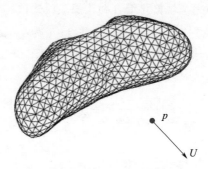

图 3-2　多面体引力场建模方法的示意图

与球谐函数法相比，多面体建模法能够精确地还原出小天体附近的引力场，包括一些表面的细节等，不存在发散的区域，在小天体附近能够计算出对应的引力势和引力加速度。此外，多面体法可以通过重力势的拉普拉斯算子检验场点相对于小天体所处的位置。多面体算法的优势有一定的条件。引力场计算的精确度取决于多面体模型，越复杂精细的模型计算出的引力场效果越好。复杂的模型会令计算冗余，导致运算时间长，无法保证实时性。因此，需要保证任务实时性时不会使用该方法。

多面体引力场建模法借助小天体的多面体模型完成引力场的计算。BARNETT C T 等人提出了一种通过输入顶点来表示多面体模型的方法[6]，该方法被广泛地应用在小天体的研究中[7,8]。小天体模型的数据分两个部分，第一部分为每个三角面顶点数据，为每个顶点在笛卡儿坐标系下的坐标表示。第二部分为每个三角面的数据，每个顶点都有编号，每个三角面三个顶点的编号构成了该面的位置数据。

表 3-1 给出了小天体的尺寸数据[9]，小天体尺寸各异。

表 3 - 1　不同小天体的尺寸

小天体	直径/km	小天体	直径/km
16 psyche	279×232×189	1580Betulia	6.6×5.8×4.2
216kleopatra	217×94×81	2063Bacchus	1.1×0.5×0.5
1620Geographos	5×2×2.1	2100Ra－Shalom	3.0×2.5×2.0
4179 Toutatis	4.3×2.0×1.7	6489Golevka	0.5×0.7×0.6
4486Mithra	2.35×1.65×1.44	1996HW1	3.8×1.6×1.5
4660 Nereus	0.51×0.33×0.24	1992SK	1.4×0.9×0.9
4769 Castalia	1.4×1.8×0.8	1998WT24	0.5×0.4×0.4
25143 Itokawa	0.53×0.29×0.24	1998ML14	1.0×1.0×1.0
29075 1950 DA	1.39×1.46×0.21	1994CC	0.7×0.7×0.6
2000 PH5	0.15×0.128×0.93	1998KY26	0.03×0.03×0.03
1999 KW4	1.53×1.49×1.35	2002CE26	3.7×3.7×3.3
433Eros	34.4×11.2×11.2	101955Bennu	0.5×0.5×0.45

从表 3-1 可知，小天体的尺寸没有固定的规律，长轴从几十米到上百千米不等，且各轴长度不等。小天体的形状也极不规则，图 3-3 显示了 4 个小天体的形状模型。

小天体体积小，无法形成近球体，形状也极不规则，为小天体的引力场建模带来了挑战。球谐函数法在计算小天体的引力场时，不能在球域内收敛，在计算小天体引力时在精度上也差于多面体法。利用多面体模型的计算法会更精确地模拟出小天体附近的引力场。

多面体建模法由 WERNER R A 提出[10]，利用多面体法对小天体引力场建模时，假定小天体是均匀密度的多面体，采用右手笛卡儿坐标系，小天体附近任意场点 P 坐标为 $P(x，y，z)$。小天体引力场建模实质为求取场点 P 处的引力加速度函数 $F(x，y，z)$ 的过程。而引力加速度可由引力势能 $V(x，y，z)$ 得到，二者关系为

$$F(x,y,z)=\frac{\partial V(x,y,z)}{\partial r(x,y,z)} \tag{3-6}$$

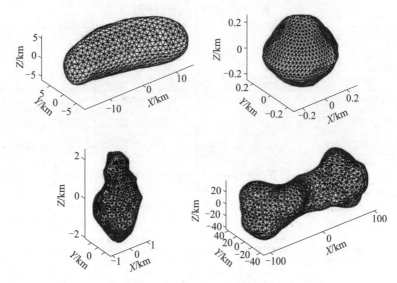

图 3 - 3　小天体的形状模型

在计算引力加速度过程中，可以将小天体分成多个体积微元，S 为小天体内部一个质量为 $\mathrm{d}m$ 的体积微元，$\boldsymbol{r}$ 为 S 到场点 P 的矢量，场点处的引力势能可由三重积分定义

$$V = -G \iiint_M \frac{1}{\boldsymbol{r}} \mathrm{d}m = -G\rho \iiint_V \frac{1}{\boldsymbol{r}} \mathrm{d}V \qquad (3-7)$$

应用高斯公式和格林公式，可推导引力加速度为[11]

$$F(R') = \frac{\partial V(R')}{\partial R'} - G\rho \sum_{e \in e_{\mathrm{edge}}} E_e \boldsymbol{r}_e L_e + G\rho \sum_{f \in f_{\mathrm{face}}} F_f \boldsymbol{r}_f \omega_f \quad (3-8)$$

其中 e_{edge} 表示边，f_{face} 表示面，$\boldsymbol{r}_e$ 为多面体边 e 上任意一点到场点的矢量，$\boldsymbol{r}_f$ 为多面体侧面 f 上任意一点到场点的矢量，且式（3-8）中

$$\boldsymbol{E}_e = \hat{\boldsymbol{n}}_A (\hat{\boldsymbol{n}}_{12}^A)^{\mathrm{T}} + \hat{\boldsymbol{n}}_B (\hat{\boldsymbol{n}}_{21}^B)^{\mathrm{T}}$$

$$L_e = \ln \frac{r_{e1} + r_{e2} + e_{12}}{r_{e1} + r_{e2} - e_{12}}$$

$$F_f = \hat{\boldsymbol{n}}_f \hat{\boldsymbol{n}}_f^{\mathrm{T}}$$

$$\omega_f = \arctan \frac{r_1 \cdot (r_2 \times r_3)}{r_1 r_2 r_3 + r_1 (r_2 \cdot r_3) + r_2 (r_2 \cdot r_1) + r_3 (r_1 \cdot r_2)}$$

$$\nabla^2 V(R') = -G\rho \sum_{f \in f_{\text{face}}} \omega_f$$

其中 E_e 为 3×3 矩阵；r_{e1}、r_{e2} 为场点到边的两个端点的距离；$\hat{n}_{12}^{A}$ 为在面 A 内的边 e 的外法线方向矢量；e_{12} 为边 e 的长度；$\hat{n}_A$ 为面 A 的外法线方向矢量；$\hat{n}_f$ 为面 f 的外法向方向矢量。

与其他引力场建模方法相比，多面体法的另一个优势在于能够直接判断场点是否处于天体外部，$\nabla^2 V(R')$ 为引力场拉普拉斯算子，可以判断场点的位置，准则如下

$$-\frac{\nabla^2 V(R')}{G\rho} = \begin{cases} 4\pi & \text{检验点在多面体内部} \\ 0 & \text{检验点在多面体外部} \\ 2\pi & \text{检验点在多面体表面} \end{cases} \quad (3-9)$$

多面体方法的优势使其得到广泛的应用，WERNER R A 等人基于多面体法对双星系统进行引力场建模，并实现探测器绕飞仿真[11]。JIANG Y 和 BAOYIN H 等人基于该方法对小天体附近的轨道动力学进行研究[13]。JIANG Y 和 CHENG B 等人基于多面体法分析计算了潜在威胁小天体的碰撞防御过程的动力学行为[14]。由于多面体法精确度高，在工程实践中也会投入应用，如日本的隼鸟号任务借助多面体模型求取球谐函数[14]。对单个小天体，目前的理论分析多以该方法求得的结果为精确值[15,16]。

选用第 2 章中的 433Eros 和 Bennu 的多面体模型（见表 3-2）进行引力场计算并与球谐函数的计算结果进行比较。

表 3-2　仿真参数

参　数	数　值
Eros 模型面数	3 000
Eros 密度/(g/cm³)	2.4
Bennu 模型面数	1 000
Bennu 密度/(g/cm³)	1.26

选择 3 000 个三角面的 433Eros 多面体模型为研究对象，计算
18 km 等高面上均匀分布的 1 800 个场点，计算引力加速度并与球谐
函数计算的结果进行比较，两种方法的仿真结果和偏差如图 3 - 4、
图 3 - 5 所示。

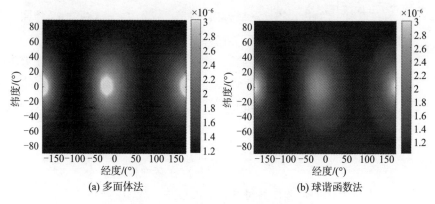

(a) 多面体法　　　　　　　　　　　　(b) 球谐函数法

图 3 - 4　433Eros 引力场建模结果

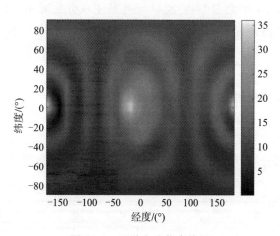

图 3 - 5　两种方法仿真偏差

在 433Eros 附近 18 km 等高面上计算引力加速度时，多面体法
与球谐函数法建模结果的平均误差为 8.64%，在小天体附近的某些
位置，最大偏差能达到 35%。

　　选择 1 000 个三角面的 Bennu 多面体模型为研究对象，计算
0.5 km 等高面上均匀分布的 1 800 个场点，计算引力加速度并与球
谐函数计算的结果进行对比，两种方法的仿真结果和偏差如图 3 - 6、
图 3 - 7 所示。

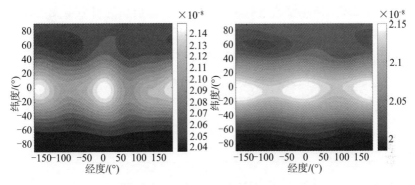

图 3 - 6　Bennu 引力场建模结果

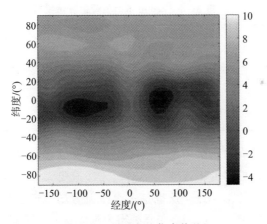

图 3 - 7　两种方法仿真偏差

　　在 Bennu 附近 0.5 km 等高面上计算引力加速度时，多面体法与
球谐函数法建模结果的平均误差为 5.32%，在小天体附近的某些位
置，最大的偏差达到 10%。

　　从仿真结果中可以发现，基于重构的小天体三维模型，利用多

面体引力场建模方法计算的结果与球谐函数计算的结果存在偏差，偏差存在于小天体表面形状复杂的区域。相比球谐函数法，对复杂的小天体，多面体建模法能够更好地表示小天体附近的引力场。

为进一步探究两种方法的特性，仍然以这两个小天体为研究对象，利用多面体建模法计算不同面数小天体模型的引力场变化并对比计算时间。表 3 - 3 和表 3 - 4 显示了仿真结果，433Eros 和 Bennu 分别假定 30 000 个面和 8 000 个面的建模结果为精确值。

表 3 - 3　433Eros 不同模型仿真结果

面数	时间/s	误差(%)
1 000	191.25	2.51
5 000	943.21	1.56
10 000	2043.65	0.91
20 000	4329.54	0.32

表 3 - 4　Bennu 不同模型仿真结果

面数	时间/s	误差(%)
1 000	183.45	1.56
2 000	373.42	0.99
3 000	789.14	0.58
5 000	821.42	0

为获得精确的建模结果，增加模型面数能够实现建模精度的提高。使用面数更多的多面体模型时，无法避免大量的建模计算，特别是体积较大的小天体，这也是多面体引力场建模法难以应用到实时任务中的原因。因此，进行高效引力场建模尤为重要。

3.2　基于插值的引力场建模方法

为提升引力场计算效率，学者们研究了基于插值的方法，在天体附近替代高计算成本的引力场建模方法。用计算机内存占用来换取更短的计算时间，实现在行星附近引力场的全局表征。随着计算机的计算能力提高和内存不断增加，基于插值的方法被应用于行星引力场的计算[17-19]。对小天体复杂的引力场而言，基于插值的方法能够大幅度加快计算速度，得到了广泛的研究，分为多项式插值、体素化插值及混合插值。

　　现有的多项式插值法主要使用拉格朗日多项式和切比雪夫多项式。COLOMBI A 等人[20]通过自适应八叉树数据结构划分小天体附近区域，在每一个小立方体单元内使用重心形式的拉格朗日多项式插值法实现引力场的恒定时间插值计算，使蒙特卡罗仿真能够在工作站进行。在轨迹传播中，该方法在小天体表面附近的立方体单元内进行元素搜索的时间会随研究区域的增大而产生明显的增加。HU S C 和 JI J H[21]首先将切比雪夫多项式应用于计算不规则小行星的引力场，大幅提高了计算速度且计算精度较高，但因使用大量的采样单元，该方法需要几十兆字节的内存。YANG H 等人[22]改进了基于切比雪夫多项式的插值方法，根据环绕和下降两类实际操作类型划分空间以提升插值计算精度，并使用 CGL 节点和径向适应技术降低内存占用至几十万字节。

　　WAL S V 等人[23]提出了小天体引力场的体素化模型，该方法在均匀网格点处存储引力加速度值，通过八个体素网格点之间的三维线性插值估计检验点的加速度。均匀体素网格易生成，运行时插值计算成本与体素网格大小无关。对引力场精度有较高要求时，采用均匀体素网格，内存占用较大。

　　WEI B 等人[24]提出一种混合模型，将引力场分成最优拟合椭球和扰动部分，使用巧凑边点插值的方式计算扰动部分的引力场，减小小天体引力场求解的误差和降低计算成本。最优拟合椭球的引入提升了引力场的精度，巧凑边点元相比拉格朗日元素计算更简单，运行速度更快，内存占用为 134.2 MB，高于切比雪夫多项式方法。

　　基于插值的方法相比传统的小天体引力场建模方法计算速度得到极大提升，但该方法在精度和内存占用方面存在不足。近年来，学者们针对这两个问题展开了研究，但未解决。

3.3　基于机器学习的引力场建模方法

近年来，机器学习法发展迅速，在航空航天领域中的应用数量逐渐增加。构建小天体引力场训练集所需的主要数据分为高精度多面体引力场和轨迹数据。在利用多面体引力场数据方面，GAO A 等人[25]首次将智能统计学习用于小天体引力场预测，建立了场点和引力场之间的直接映射表征，避免了复杂的建模计算过程。FURFARO R 等人[26]利用基于极限学习机的单层前馈神经网络来研究航天器位置与引力加速度之间的关系。另外，NEAMATI D A[27]针对目前在安全攸关的自主接近机动和着陆过程中，机上最近轨迹的短期预测位置和加速度数据的引力模型未得到应用这一问题，提出一种新的基于轨迹学习的方法来建立引力场模型。他构建了三种学习框架：高斯过程模型、神经网络和物理信息神经网络，并通过仿真对比各个框架的优势、计算成本和局限性。在不确定性适中的情况下，高斯过程模型优于其他框架。本小节以基于高斯过程回归，使用多面体引力场数据作为训练集的引力场预测方法为例，描述了机器学习方法预测引力场的步骤。

3.3.1　预测模型数据选取

在引力场预测模型建立前，根据选取的训练样本建立小天体引力场模型预测训练模型。首先在小天体周围一定范围内进行随机取点作为学习样本，取场点的球坐标作为训练模型的输入向量。为验证引力场快速预测模型的普适性，本章节加入 2 个量级不同的小天体作为研究对象，确保建立的快速预测模型能够适用于大小不同、形状复杂的小天体。图 3-8 为训练样本选取示意图。

任意场点 P 在球坐标系下的坐标为 $P(\lambda,\varphi,r)$。与笛卡儿坐标系下坐标的转换关系为

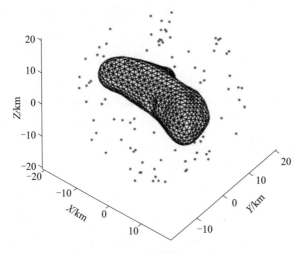

图 3 - 8　训练样本选取示意图

$$\begin{cases} x = r\cos\varphi\cos\lambda \\ y = r\cos\varphi\sin\lambda \\ z = r\sin\varphi \end{cases} \quad (3-10)$$

训练模型的输出为点 P 处的引力加速度，引力加速度由多面体法计算求得。综上所述，训练模型的输入输出模型 $M = [x_i, y_i]$。

$$x_i = [\lambda_i, \varphi_i, r_i]$$

$$y_i = g_i$$

其中，g_i 为输入向量中数据点处的引力加速度。M 为引力场预测模型的样本数据。

3.3.2　预测模型建立

高斯过程回归（GPR）是监督学习的一种，在监督学习中，有两类方法来确定映射函数[28,29]。

第一类是参数化回归，回归问题中映射函数 $f(x; w)$ 是由参数 w 来确定的，参数化回归即是通过寻找 w 的最优值以找到最佳的映射函数。但是该方法局限性较强，对于引力场建模，难以通过确定

参数 w 找到合适的映射函数，且存在过拟合问题。因此，需要引入第二类方法。

第二类方法是贝叶斯回归[30]，高斯过程回归法是贝叶斯回归的拓展，该方法定义了一个函数分布，赋予每个可能的函数一个先验概率，先验概率越大，函数可能性越大，无需找出具体的函数关系。对于引力场建模问题来说，引力加速度与检验点之间的关系难以直接寻找，便可以借助高斯过程回归法来寻找检验点与引力加速度之间的映射关系。

利用高斯过程回归时，首先确定训练集中的学习样本。设训练集 $D=\{(x_i, y_i) \mid i=1, 2, \cdots, n\}=(x, y)$，其中 x_i 为输入矢量，y_i 为输出标量，基于高斯过程回归的引力场建模任务是根据给定的训练集进行学习，通过检验点 x_* 计算引力加速度输出值 y_*，得到输出与输入之间的映射关系。高斯过程回归不同于参数化回归的方法需要得到 $f(x)$ 的具体形式，由于观测往往是带噪声的，假设噪声 $\varepsilon \sim N(0, \sigma^2)$，则有模型

$$y = f(x) + \varepsilon \tag{3-11}$$

其中，x 为输入向量，y 为样本含有噪声的观测值。给予 $f(x)$ 高斯过程先验，高斯过程可由均值函数 $m(x)$ 以及协方差函数 $k(x, x')$ 唯一确定，即

$$f(x) \sim GP(m(x), k(x, x')) \tag{3-12}$$

为了符号简洁，假设均值函数 $m(x)=0$，协方差函数 k 有不同的选择。在高斯过程回归问题中，由于检验数据及训练数据都源于同一分布，实现根据新的检验点 x_* 得到 y_* 的任务，训练数据与测试数据的联合分布为

$$\begin{pmatrix} y \\ y_* \end{pmatrix} \sim N\left(m, \begin{pmatrix} K & K_*^{\mathrm{T}} \\ K_* & K_{**} \end{pmatrix}\right) \tag{3-13}$$

其中，m 为均值函数，K 为协方差矩阵。

协方差函数又称为核函数，利用核函数，得出高斯过程回归预测模型的输入输出关系，结合训练数据和检验数据的联合分布，能

得到 y_* 的预测值。

3.3.3　预测模型训练

得到输入输出模型后，便需要考虑合适的均值函数与协方差函数，协方差函数选择主要考虑两个基本原则，回归模型最终得到的输出的概率应该是最大的，最终预测误差应该在可以接受的范围内。

根据选取核函数的基本原则，选取平方指数形式作为核函数形式，零均值作为均值函数，表达式为

$$\begin{cases} m(\boldsymbol{x}) = 0 \\ k(\boldsymbol{x}, \boldsymbol{x}') = \sigma_{\mathrm{f}}^2 \exp\left[-\dfrac{(\boldsymbol{x} - \boldsymbol{x}')^2}{2l^2}\right] \end{cases} \tag{3-14}$$

加入噪声后，$k(\boldsymbol{x}, \boldsymbol{x}')$ 为

$$k(\boldsymbol{x}, \boldsymbol{x}') = \sigma_{\mathrm{f}}^2 \exp\left[-\frac{(\boldsymbol{x} - \boldsymbol{x}')^2}{2l^2}\right] + \sigma_{\mathrm{n}}^2 \delta(\boldsymbol{x}, \boldsymbol{x}') \tag{3-15}$$

选取了合适的核函数，将式（3-15）代入式（3-12）中，并结合式（3-13）的联合分布，可以得到 y_* 的条件分布

$$y_* \mid y \sim N(\boldsymbol{K}_* \boldsymbol{K}^{-1} y, \boldsymbol{K}_{**} - \boldsymbol{K}_* \boldsymbol{K}^{-1} \boldsymbol{K}_*^{\mathrm{T}}) \tag{3-16}$$

选取分布的均值作为 y_* 的估计值，即

$$\overline{y}_* = \boldsymbol{K}_* \boldsymbol{K}^{-1} y \tag{3-17}$$

其中，协方差矩阵 $\boldsymbol{K}$ 为

$$\boldsymbol{K} = \begin{pmatrix} k(\boldsymbol{x}_1, \boldsymbol{x}_1) & k(\boldsymbol{x}_1, \boldsymbol{x}_2) & \cdots & k(\boldsymbol{x}_1, \boldsymbol{x}_n) \\ k(\boldsymbol{x}_2, \boldsymbol{x}_1) & k(\boldsymbol{x}_2, \boldsymbol{x}_2) & \cdots & k(\boldsymbol{x}_2, \boldsymbol{x}_n) \\ \vdots & \vdots & \ddots & \vdots \\ k(\boldsymbol{x}_n, \boldsymbol{x}_1) & k(\boldsymbol{x}_n, \boldsymbol{x}_2) & \cdots & k(\boldsymbol{x}_n, \boldsymbol{x}_n) \end{pmatrix}$$

$$\boldsymbol{K}_* = (k(\boldsymbol{x}_*, \boldsymbol{x}_1) \quad k(\boldsymbol{x}_*, \boldsymbol{x}_2) \quad \cdots \quad k(\boldsymbol{x}_*, \boldsymbol{x}_n)) \quad \boldsymbol{K}_{**} = k(\boldsymbol{x}_*, \boldsymbol{x}_*)$$

在引力场建模问题中，训练集中的学习样本输入 $x_i = [\lambda_i, \varphi_i, r_i], i = 1, 2, \cdots, n$，学习样本输出 $y_i = g_i, i = 1, 2, \cdots, n$。检验集中的样本输入为 $x_* = [\lambda_*, \varphi_*, r_*]$，输出为 $y_* = g_*$。能够推导出 y_* 的预测值。在核函数中，涉及的参数 $\theta = [l, \sigma_{\mathrm{f}}, \sigma_{\mathrm{n}}]$，

其中 l 为方差尺度，σ_f^2 为信号方差，σ_n 为噪声的方差。这些参数被称为超参数，此处超参数用极大似然法进行求取，通过对似然函数求取偏导数并通过共轭梯度法求取似然函数极值从而得到超参数的最优解。

似然函数 $L(\theta)$ 为

$$L(\theta) = \frac{1}{2} \boldsymbol{y}^{\mathrm{T}} \boldsymbol{K}^{-1} \boldsymbol{y} - \frac{1}{2} \log | \boldsymbol{K} | - \frac{n}{2} \log 2\pi \qquad (3-18)$$

对似然函数求偏导可得

$$\frac{\partial L(\theta)}{\partial \theta_i} = -\frac{1}{2} \boldsymbol{y}^{\mathrm{T}} \boldsymbol{K}_y^{-1} \frac{\partial \boldsymbol{K}}{\partial \theta_i} \boldsymbol{K}^{-1} \boldsymbol{y} - \frac{1}{2} tr\left(\boldsymbol{K}^{-1} \frac{\partial \boldsymbol{K}}{\partial \theta_i} \right) \qquad (3-19)$$

得到似然函数的偏导数之后，可以通过共轭梯度法求得最优的超参数，再将得到的超参数代入式（3-15），再计算式（3-17）即可求引力加速度的预测值。

3.3.4　预测精度分析

在目标小天体等高球面上随机抽取点构成训练集，利用训练集，结合模型预测建模方法进行建模计算，并将等高面上的建模结果与多面体法的结果相比较。表 3-5 表示不同小天体的等高面，训练集中的学习样本数据在每个等高面上随机取出。

表 3-5　各个小天体等高面上引力场建模数据选取

小天体	等高面半径/km	训练集规模	多面体面数
2000PH5	0.1	200	572
Bennu	1	200	1 000
433Eros	20	700	1 708
216Kleopatra	125	700	4 092

通过选取的训练集以及检验点数据，利用多面体法和模型预测方法进行引力场建模计算，分别计算出等高面上引力加速度的结果，为直观地展现引力场分布与天体形状之间的关系，将引力加速度分布投影到小天体表面，并得出对比误差分布，如图 3-9～图 3-12 和表 3-6 所示。

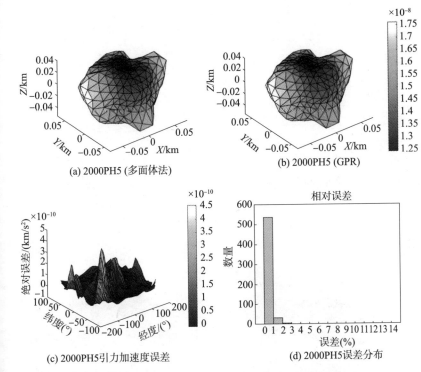

(a) 2000PH5 (多面体法)　　　　　　(b) 2000PH5 (GPR)

(c) 2000PH5引力加速度误差　　　　(d) 2000PH5误差分布

图 3 - 9　2000PH5 在 0.1 km 等高面上的建模结果对比

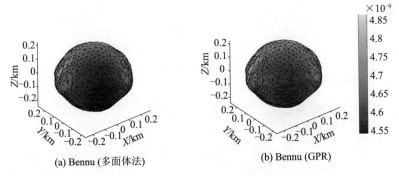

(a) Bennu (多面体法)　　　　　　(b) Bennu (GPR)

图 3 - 10　Bennu 在 1 km 等高面上的建模结果对比

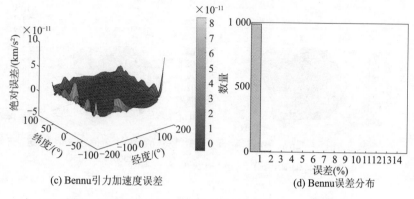

(c) Bennu引力加速度误差　　　　　(d) Bennu误差分布

图 3-10　Bennu 在 1 km 等高面上的建模结果对比（续）

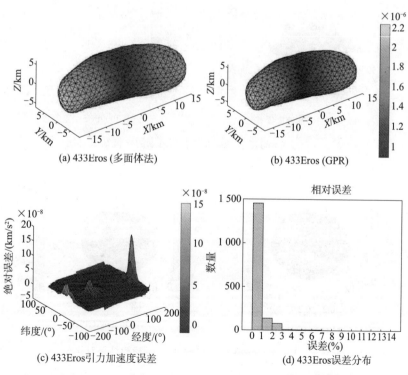

(a) 433Eros (多面体法)　　　　　(b) 433Eros (GPR)

(c) 433Eros引力加速度误差　　　　　(d) 433Eros误差分布

图 3-11　433Eros 在 20 km 等高面上的建模结果对比

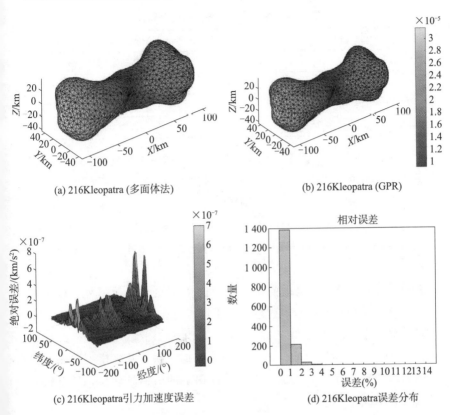

(a) 216Kleopatra (多面体法)　　　　　(b) 216Kleopatra (GPR)

(c) 216Kleopatra引力加速度误差　　　　(d) 216Kleopatra误差分布

图 3 - 12　216Kleopatra 在 125 km 等高面上的建模结果对比

　　图 3 - 9~图 3 - 12 表示各个小天体在两种建模方法下等高面上
引力加速度的分布情况、引力加速度绝对误差在等高面上的分布以
及检验集的误差分布情况。仿真结果显示，各个小天体在选取等高
面上引力加速度的数量级分别为 10^{-8} km/s^2、10^{-9} km/s^2、
10^{-6} km/s^2、10^{-5} km/s^2，绝对误差的数量级分别为 10^{-10} km/s^2、
10^{-12} km/s^2、10^{-8} km/s^2、10^{-7} km/s^2，两种建模方法的引力场建模
结果接近。四个目标小天体的检验点建模结果相对误差主要集中在
3% 以内，且大部分处于 0%~1% 之间。

表 3 - 6　等高面处两种方法的误差分布

小天体	<1%数量占比(%)	<3%数量占比(%)	MRE(%)	MAE(km/s²)
2000PH5	93.3	100	0.30	4.68×10^{-11}
Bennu	97.8	100	0.24	2.23×10^{-12}
433Eros	85.0	97.0	0.53	9.14×10^{-9}
216Kleopatra	84.2	99.3	0.51	1.11×10^{-7}

表 3 - 6 给出了四个目标小天体在多面体引力场建模法和高斯过程引力场建模回归方法下的平均相对误差（MRE），平均绝对误差（MAE）及相对误差不同范围的占比。图表显示，在等高面上，2000PH5 和 Bennu 误差在 1% 以内的点均占检验点总数的 90% 以上，而误差在 3% 以内的检验点占比更是达到 100%。在 433Eros 和 216Kleopatra 的等高面上，误差在 1% 以内的检验点占比均在 85% 左右，而误差在 3% 以内的检验点占比在 97% 以上。另外，四个小天体基于模型预测引力场建模方法平均相对误差都在 0.5% 左右，平均绝对误差分别为 4.68×10^{-11} km/s²、2.23×10^{-12} km/s²、9.14×10^{-9} km/s²、1.11×10^{-7} km/s²，以上数据说明，基于模型预测方法的引力场建模方法适用于小天体等高面上的引力场建模，具有较高的计算精度。

为进一步检验模型预测方法的适用性和建模效率，将小天体引力场建模的范围取在选取的等高面内部。表 3 - 7 给出了小天体等高面内的引力场建模分析的仿真数据，利用仿真数据结合模型预测建模方法对小天体周围 2 000 个随机检验点的引力加速度进行计算。

表 3 - 7　不同小天体的训练集选取

小天体	R/km	训练集数量
2000PH5	0.1	600
Bennu	1	800
433Eros	20	800
216kleopatra	125	1 100

　　表 3-7 显示不同小天体的选取范围半径 R，并通过计算分析选取合适数量的训练集。训练集和检验集的数据由小天体等高面内随机取点获得。结合以上数据，利用模型预测建模方法进行建模计算，并记录仿真时间，与多面体建模方法结果进行对比。仿真结果如图 3-13、图 3-14 和表 3-8、表 3-9 所示。

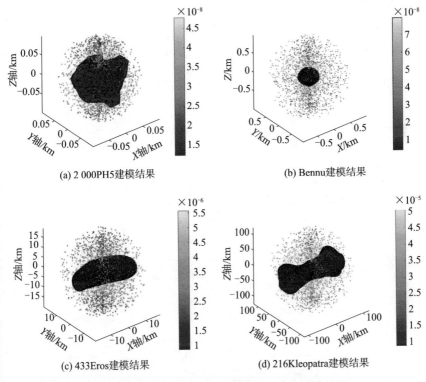

(a) 2 000PH5建模结果　　　　　　　　(b) Bennu建模结果

(c) 433Eros建模结果　　　　　　　　(d) 216Kleopatra建模结果

图 3-13　等高面内基于模型预测的引力场建模结果

　　图 3-13 表示四个小天体附近基于模型预测方法的引力场建模结果。计算过程中，选取的 2000 个检验点遍布小天体附近的区域，能够检验模型预测方法适用性。由仿真结果可知，四个小天体附近的引力加速度数量级分别为 $10^{-8}\,\mathrm{km/s^2}$、$10^{-8}\,\mathrm{km/s^2}$、$10^{-6}\,\mathrm{km/s^2}$、$10^{-5}\,\mathrm{km/s^2}$，属于弱引力场，分布的引力场不均匀，主要由小天体形

状不规则引起。将模型预测方法的建模结果与多面体方法的结果对比，将误差结果分类，得到误差分布图，如图3-14所示。

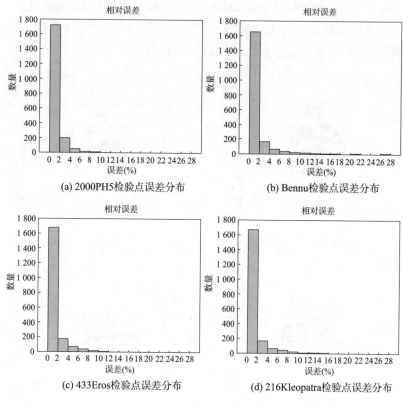

(a) 2000PH5检验点误差分布

(b) Bennu检验点误差分布

(c) 433Eros检验点误差分布

(d) 216Kleopatra检验点误差分布

图 3-14　四个小天体附近的检验点误差分布

图3-14展示了四个小天体附近检验点的误差百分比分布情况，横坐标为相对误差，纵坐标为处于该区间的检验点数。图3-14（a）为2000PH5在距离质心0.1 km内检验点的误差分布，图3-14（b）为Bennu在距离质心1 km内检验点的误差分布，图3-14（c）为433Eros在距离质心20 km内检验点的误差分布，图3-14（d）为216Kleopatra在距离质心125 km内检验点的误差分布。每个小天体的建模结果误差都集中在10%以内，主要分布在0%～2%之间。

表 3 - 8　不同误差点数分布

小天体	<2%数量占比(%)	<5%数量占比(%)
2000PH5	85.40	97.05
Bennu	84.65	95.70
433Eros	83.80	94.55
216Kleopatra	83.40	94.05

表 3 - 8 显示了 2 000 个检验点中误差小于 2% 及误差小于 5% 的数量的占比，在四个小天体附近的 2 000 个检验点中，误差小于 2% 数量的占比在 80% 以上，误差小于 5% 的数量占比达到了 90% 以上，小天体 2000PH5 附近检验点计算误差小于 5% 的数量占比达到 97.05%。由此可见，利用模型预测的方法能够精确地计算出小天体附近的引力场模型。此外，为了更加充分地检验模型预测引力场建模方法的性能，表 3 - 9 显示了不同小天体在模型预测建模方法下的相对误差以及两种建模方法的运算时间对比。

表 3 - 9　基于两种方法的引力场建模时间和精度对比

小天体	训练集(个数)	相对误差(%)	多面体法时间/s	GPR 时间/s
2000PH5	600	1.08	53.90	0.10
Bennu	800	1.21	106.72	0.12
Eros - 433	800	1.22	178.44	0.13
216Kleopatra	1 100	1.36	459.40	0.28

由表 3 - 9 可知，四个不同尺寸的小天体在两种引力场建模方法下的平均相对误差均在 1.5% 以内，表明基于模型预测的引力场建模方法在不同尺寸、形状的小天体附近有精确的引力场建模结果。

在运算时间上，随着多面体的面数增加多面体法运算时间也在增加，模型面数为 572 的 2000PH5 利用多面体法计算 2 000 个检验点需要 53.90 s，而模型面数为 4 092 的 216Kleopatra 需要 459.40 s。而基于模型预测的引力场建模方法在运算时间上有显著的提高。模型预测建模法中，计算过程可以被规避，从表 3 - 9 中可知，计算不同小天体附近的引力场所需时间差别不大而且时间极短。通过训练集中的样本数据，能够计算出小天体附近的引力场，这种全新的引力场建模方法具有在线运算的能力。

　　训练集中学习样本的数量对建模精度存在着一定的影响，增加训练集能够实现误差的减小，但也会带来多余的计算量。图 3-15 展示了小天体附近误差随训练集变化的曲线。

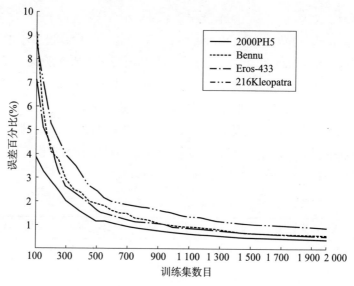

图 3-15　小天体附近误差随训练集变化的曲线

　　随着学习样本数量的增加，误差在不断减小，学习样本数量的增加也就意味着计算量的加大。当样本数量达到一定程度时，精度的变化不大。此时若继续增加样本数量将会产生多余的计算量，所以要在确保精度的情况下选取合适的训练集。在小天体附近以随机的方式选取 2 000 个数据点以及对应的引力场作为检验集，四个小天体附近检验样本的误差分布如图 3-16～图 3-19 所示。图中横坐标代表引力场模型的相对误差，纵坐标表示检验点的数量。

图 3 - 16 为 2000PH5 附近 0.1 km 内检验点误差分布随学习样本数量的变化，其中，选取的学习样本数目分别为 300、500、700、900。

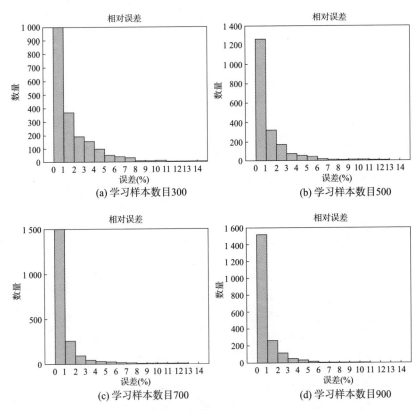

图 3 - 16　2000PH5 附近检验点随训练集变化的误差分布

表 3 - 10 显示 2000PH5 的检验点计算误差在不同范围内数量占比的变化，随着学习样本数量的递增，平均相对误差相差依次为 0.53%、0.37%、0.26%，相对误差小于 2% 的检验点占比相差依次为 9.10%、4.85%、2.50%，相对误差小于 5% 的检验点占比相差依次为 3.35%、1.95%、1.50%。

表 3 – 10　2000PH5 的检验点计算误差分布随训练集的变化

训练集数量	MRE(%)	<2%数量占比(%)	<5%数量占比(%)
300	1.92	68.25	90.45
500	1.39	87.35	93.80
700	1.02	92.20	95.75
900	0.76	94.70	97.25

　　图 3 – 17 为 Bennu 附近 1 km 内检验点误差分布随学习样本数量的变化，其中，选取的学习样本数目分别为 300、600、900、1 200。

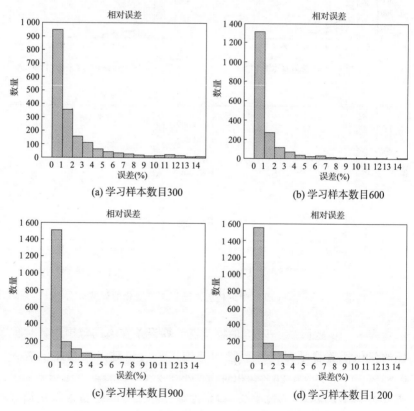

(a) 学习样本数目300

(b) 学习样本数目600

(c) 学习样本数目900

(d) 学习样本数目1 200

图 3 – 17　Bennu 附近检验点随训练集变化的误差分布

表 3 - 11 显示了 Bennu 的检验点计算误差在不同范围内数量占比的变化，随着学习样本数量的递增，平均相对误差相差依次为 1.80%、0.58%、0.16%，相对误差小于 2% 的检验点占比相差依次为 10.25%、4.42%、1.42%，相对误差小于 5% 的检验点占比相差依次为 8.11%、3.24%、0.63%。

表 3 - 11　Bennu 的检验点计算误差分布随训练集的变化

训练集数量	MRE(%)	<2%数量占比(%)	<5%数量占比(%)
300	3.62	76.25	85.25
600	1.82	86.50	93.36
900	1.24	90.92	96.60
1 200	1.08	92.34	97.23

图 3 - 18 为 433Eros 附近 20 km 内检验点误差分布随学习样本数量的变化，其中，选取的学习样本数目分别为 300、600、900、1 200。

表 3 - 12 显示了 433Eros 的检验点计算误差在不同范围内数量占比的变化，随着学习样本数量的递增，平均相对误差相差依次为 1.55%、0.56%、0.27%，相对误差小于 2% 的检验点占比相差依次为 15.15%、5.80%、2.05%，相对误差小于 5% 的检验点占比相差依次为 11.15%、2.70%、1.35%。

图 3 - 19 为 216Kleopatra 附近 125 km 内检验点误差分布随学习样本数量的变化，其中，选取的学习样本数目分别为 500，800，1 200，1 500。

表 3 - 13 显示了 216Kleopatra 的检验点计算误差在不同范围内数量占比的变化，随着学习样本数量的递增，平均相对误差相差依次为 0.64%、0.51%、0.33%，相对误差小于 2% 的检验点占比相差依次为 15.20%、5.35%、1.85%，相对误差小于 5% 的检验点占比相差依次为 4.80%、3.75%、1.40%。

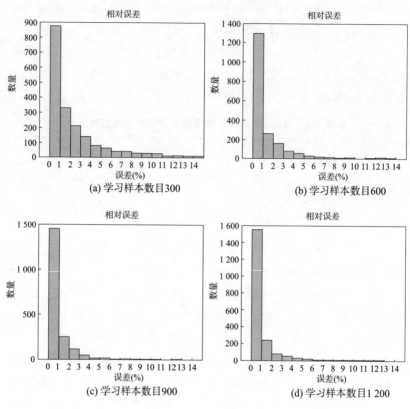

图 3 - 18　433Eros 附近检验点随训练集变化的误差分布

表 3 - 12　433Eros 的检验点计算误差分布随训练集的变化

训练集数量	MRE(%)	<2%数量占比(%)	<5%数量占比(%)
300	3.25	70.65	81.60
600	1.70	85.80	92.75
900	1.14	91.60	95.45
1 200	0.87	93.65	96.80

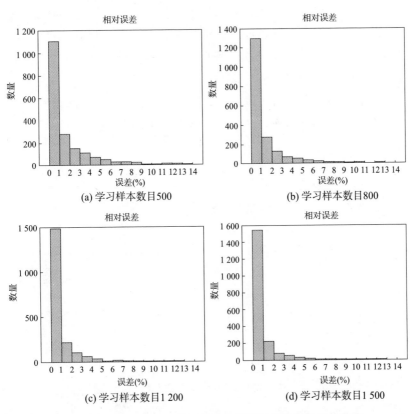

图 3 - 19　216Kleopatra 附近检验点随训练集变化的误差分布

表 3 - 13　216Kleopatra 的检验点计算误差分布随训练集的变化

训练集数量	MRE(%)	<2%数量占比(%)	<5%数量占比(%)
500	2.36	77.00	86.70
800	1.72	85.20	91.50
1 200	1.21	90.55	95.25
1 500	0.88	92.40	96.65

通过上述比较可以发现，随着学习样本数量的增加，模型预测引力场建模方法的建模精度会不断提高。学习样本达到一定数量前，提高学习样本数量能够使引力场模型的精度得到提高，若继续增加训练集中学习样本的数量，多出的学习样本易造成冗余，使建模方法的性能无法明显提升并带来计算负担。对引力场进行模型建立时，合适的学习样本数量能够高效地实现精确建模。

参 考 文 献

[1] HOBSON E W. The theory of spherical and ellipsoidal harmonics [M]. CUP Archive，1955.

[2] WANG Y，XU S. Gravity gradient torque of spacecraft orbiting asteroids [J]. Aircraft Engineering and Aerospace Technology，2013，85（1）：72 – 81.

[3] D J Scheeres. Orbit Mechanics About Asteroids and Comets [J]. Journal of Guidance，Control，and Dynamics，2012，35（3）：987 – 997.

[4] GARMIER R，BARRIOT J P，KONOPLIV A S，et al. Modeling of the Eros gravity field as an ellipsoidal harmonic expansion from the NEAR Doppler tracking data [J]. Geophysical Research Letters，2002，29（8）：72 – 71.

[5] ROMAIN G，JEAN – PIERRE B. Ellipsoidal Harmonic expansions of the gravitational potential：Theory and application [J]. Celestial Mechanics and Dynamical Astronomy，2001，79（4）：235 – 275.

[6] BARNETT C T. Theoretical modelling of the magnetic and gravitational fields of an arbitrarily shaped three – dimensional body [J]. Geophysics，1976，41：1353 – 1364.

[7] D'URSO，M G，TROTTA S. Gravity anomaly of polyhedral bodies having a polynomial density contrast [J]. Surv Geophys，2017，38（4）：781 – 832.

[8] REN Z，CHEN C，PAN K，et al. Gravity Anomalies of Arbitrary 3D Polyhedral Bodies with Horizontal and Vertical Mass Contrasts [J]. Surv Geophys，2017，38（2）：1 – 24.

[9] JPL Small – Body Database Browser. https：//ssd. jpl. nasa. gov/sbdb. cgi [EB/OL].

[10] WERNER R A. The gravitational potential of a homogeneous polyhedron or don't cut corners [J]. Celestial Mechanics and Dynamical Astronomy，1994，59（3）：253 – 278.

[11] WERNER R A, SCHEERES D J. Exterior gravitation of a polyhedron derived and compared with harmonic and mascon gravitation representations of asteroid 4769 Castalia [J]. Celestial Mechanics and Dynamical Astronomy, 1996, 65 (3): 313 – 344.

[12] FAHNESTOCK E, LEE T, LEOK M, et al. Polyhedral potential and variational integrator computation of the full two body problem [C]. AIAA/AAS Astrodynamics Specialist Conference and Exhibit. 2006, 6289.

[13] JIANG Y, BAOYIN H, LI J, et al. Orbits and manifolds near the equilibrium points around a rotating asteroid [J]. Astrophysics and Space Science, 2014, 349 (1): 83 – 106.

[14] JIANG Y, CHENG B, BAOYIN H X, et al. Calculation and analysis of the impact defense to the Potentially hazardous asteroids [J]. Journal of Deep Space Exploration, 2017, 4 (2): 190 – 195.

[15] TAKAHASHI Y, SCHEERES D. Surface Gravity Fields for Asteroids and Comets [Z]. 22nd AAS/AIAA Space Flight Mechanics Meeting, AAS Paper 2012, 12 – 224.

[16] SCHEERES D, BROSCHART S, OSTRO S, et al. The dynamical environment about asteroid 25143 Itokawa, target of the Hayabusa mission [C]. AIAA/AAS Astrodynamics Specialist Conference and Exhibit. 2004, 4864.

[17] JONES B A, BORN G H, BEYLKIN G. Comparisons of the cubed – sphere gravity model with the spherical harmonics [J]. Journal of guidance, control, and dynamics, 2010, 33 (2): 415 – 425.

[18] ARORA N, RUSSELL R P. Efficient interpolation of high – fidelity geopotentials [J]. Journal of Guidance, Control, and Dynamics, 2016, 39 (1): 128 – 143.

[19] BEYLKIN G, CRAMER R. Toward multiresolution estimation and efficient representation of gravitational fields [J]. Celestial Mechanics and Dynamical Astronomy, 2002, 84 (1): 87 – 104.

[20] COLOMBI A, HIRANI A N, VILLAC B F. Adaptive gravitational force representation for fast trajectory propagation near small bodies [J]. Journal of Guidance, Control, and Dynamics, 2008, 31 (4): 1041 – 1051.

[21]　HU S C, JI J H. Using Chebyshev polynomial interpolation to improve the computational efficiency of gravity models near an irregularly - shaped asteroid [J]. Research in Astronomy and Astrophysics, 2017, 17 (12): 120.

[22]　YANG H, LI S, SUN J. A fast Chebyshev polynomial method for calculating asteroid gravitational fields using space partitioning and cosine sampling [J]. Advances in Space Research, 2020, 65 (4): 1105 - 1124.

[23]　WAL S V, REID R G, SCHEERES D J. Simulation of nonspherical asteroid landers: Contact modeling and shape effects on bouncing [J]. Journal of Spacecraft and Rockets, 2020, 57 (1): 109 - 130.

[24]　WEI B, SHANG H, QIAO D. Hybrid model of gravitational fields around small bodies for efficient trajectory propagations [J]. Journal of Guidance, Control, and Dynamics, 2020, 43 (2): 232 - 249.

[25]　GAO A, LIAO W. Efficient gravity field modeling method for small bodies based on Gaussian process regression [J]. Acta Astronautica, 2019, 157: 73 - 91.

[26]　FURFARO R, BAROCCO R, LINARES R, et al. Modeling irregular small bodies gravity field via extreme learning machines and Bayesian optimization [J]. Advances in Space Research, 2021, 67 (1): 617 - 638.

[27]　NEAMATI D A. New Method and Analysis of Proximity Trajectory - Only Learned Dynamics for Small Body Gravity Fields [D]. Pasadena: California Institute of Technology, 2021.

[28]　HE Z K, LIU G B, ZHAO X J, et al. Overview of Gaussian process regression [J]. Kongzhi Yu Juece/control & Decision, 2013, 28 (8): 1121 - 1129, 1137.

[29]　SAMBU SEO, MARKO WALLAT, THORE GRAEPEL. Gaussian process regression: active data selection and test point rejection [C]. IEEE - INNS - ENNS International Joint Conference on Neural Networks. IEEE, 2000.

[30]　CARLIN B P, LOUIS T A. BAYES AND EMPIRICAL BAYES METHODS FOR DATA ANALYSIS [J]. Statistics and Computing, 1997, 7 (2): 153 - 154.

第 4 章　着陆星表特征提取与处理方法

在着陆探测中，具有较高科学研究价值的区域往往具有复杂的地形地貌[1]，这些地形地貌具有遍布的岩石、陨石坑、沟壑等地形特征，这些地形特征一方面可以作为导航路标，提高探测器着陆导航精度，另一方面，这些地形特征对探测器的着陆安全构成了巨大挑战[2]。由于目前地面天文观测和绕飞探测器得到的行星表面图像分辨率较低，无法满足着陆过程中较高的特征提取精度的要求，因此探测器需要具有能够在着陆阶段自主检测星表特征的能力[3]。相机是探测器常见的导航设备，具有能耗低、成本低的优点，通过相机拍摄的着陆区域图像，可以提取得到着陆地形的特征信息[4]。本章通过对相机拍摄的着陆地形图像进行处理与分析，对地形特征提取与检测的方法进行研究。考虑现有地形特征检测方法的不足[5]，提出了基于灰度梯度直方图（HOG）[6]特征的支持向量机（Support Vector Machine，SVM）[7]陨石坑预检测法。针对陨石坑边缘拟合方法受野点干扰大的问题，提出基于密度划分的特征点分类法。通过数学仿真实验验证了算法的性能。

4.1　星表特征提取方法的基本原理

星表特征是导航系统重要的导航路标，通过相机拍摄的图像提取星表特征的方法需考虑工程约束条件[8]。构成导航路标特征的地形一般具有较明显形状特征，能够从图像中进行提取。陨石坑具有椭圆形的轮廓边缘，因此适合作为导航路标特征[9]，图 4-1 所示为特征检测的流程。

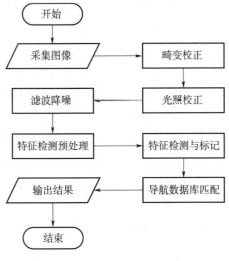

图 4 - 1　特征检测流程图

　　因着陆环境复杂，相机拍摄的图像会受到电磁环境的干扰，图像中包含一定数量的噪点[10]，图像成像质量与光线照射的角度及光照强度有关，因此在正式检测特征前需对图像进行畸变校正、光照校正及降噪滤波[11]。进行预处理后需对图像进行分割与特征检测[12]，此环节通过图像处理与特征粗检测方法确定特征检测的范围，减少计算量。预检测后需对待检测区的特征进行精确检测与标记，通过与探测器自身的位置姿态进行融合，获得路标特征的精确信息。最后通过与导航数据库中的路标特征进行匹配，获得满足导航条件的路标特征的位置信息。

4.2　基于支持向量机的特征预检测方法

　　在特征检测环节中，特征预检测是在对图像进行基本的校正与降噪处理后进行的重要环节，预检测可以降低特征的整体检测速度，提高检测的准确率[13]。陨石坑由于大多具有规则的椭圆外形，比较适合作为导航路标[14]，本书提出基于支持向量机（SVM）的陨石坑预检测方法。该方法首先通过数学模型建立陨石坑模型数据库，用描述陨石坑几何外形的数学函数和描述地形起伏的地形函数叠加，生成陨石坑地形数据点，该数据点能够同时满足陨石坑外形尺寸描述与地形自然真实感的要求。其次建立图像特征数据，在获得陨石坑地形数据点之后采用计算机图形学法对地形特征数据进行渲染，增加光影材质等特征，使地形具有真实照片般的成像效果。之后通过提取图像特征信息，结合多种不同大小和光照条件等因素，提取不同陨石坑图像的特征信息，构成地形图像数据库。该数据库包括包含陨石坑特征的正样与不包含陨石坑特征的负样两种。最后通过支持向量机对数据库进行训练调整，从而达到对地形陨石坑图像进行预检测的目的。

4.2.1　陨石坑模拟模型

通过轨道器或天文观测可以获得行星地表地貌图像数据[15]，但因不同的拍摄角度、光照条件等，这些地形图像数据难以建立满足SVM 的机器学习数据集。另外，陨石坑的几何外形具有规律性，可以采用旋转曲面函数表示[16]，通过人工手段生成陨石坑图像。M GOLOMBEK[17]等人对月球表面的陨石坑形状、大小、分布进行分析，所采用的陨石坑模型通过多段线方程表示。由于陨石坑形成时间的不同，其几何外形、采用的描述方程也不同。R J PIKE[18]对许多月球陨石坑作了测量和计算，对于形成年代较近的陨石坑或撞击坑，其剖面函数可以通过式（4-1）的经验公式近似表示

$$\begin{cases} H = a_{in}D^{r_{in}}, D < 11 \text{ km} \\ H_r = a_{out}D^{r_{out}}, D < 21 \text{ km} \end{cases} \qquad (4-1)$$

其中，D 为陨石坑直径，H 为陨石坑高度，H_r 为陨石坑边沿高度，R J PIKE 给出月球陨石坑可选参数为 $r_{in} = 1.01$，$a_{in} = 0.196$，$r_{out} = 1.014$，$a_{out} = 0.036$，调整 a、r 的大小即可得到不同形态的陨石坑。陨石坑内表面为球面函数，外表面通过指数函数表示，即陨

石坑表面高度 h 与圆心距 r 之间的关系为

$$h = \begin{cases} H_r e^{-\left(r-\frac{D}{2}\right)} , r < \dfrac{D}{2} \\ \dfrac{1}{2} + \dfrac{D^2}{8H} - \sqrt{\left(\dfrac{1}{2} + \dfrac{D^2}{8H}\right)^2 - r^2} - H + H_r , r > \dfrac{D}{2} \end{cases}$$

$$(4-2)$$

基于以上分析，本书采用两个独立的方程来近似陨石坑的边缘部分和碗形内部，采用旋转面来近似陨石坑，图 4-2 为陨石坑的剖面示意图。

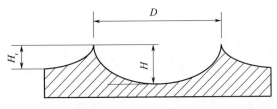

图 4-2　陨石坑剖面示意图

4.2.2　陨石坑图像模拟

通过陨石坑的数学模型模拟得到的陨石坑地形缺乏真实感[19]，主要是由于缺乏真实地形的起伏感和粗糙感，因此需要在数学模型的基础上叠加基础地形模型增加地形真实感。

地形的起伏变化可以通过随机过程来表示，这样的随机地形具有较高的自由度和变化程度，可以模拟自然界的地势起伏过程，常用的地形模拟方法有空间随机过程、随机分形等[20]。随机分形是采用随机机制生成的一组分形集。行星表面作为自然地形，具有分形的自相似性，因此可以采用随机分形生成行星地形，增加模型真实感。分形地形可以通过多种方式生成，本书采用 Perlin 噪声算法[21]生成地形，该方法生成的地形尖峰较少，适合作为基础地表地形[22]。

Perlin 噪声算法的原理是将地形平面离散为不同尺度的矩阵，不同尺度记为频率 f，在每一个频率 f 下的矩阵中的每一个点为一个随机数。随机数的大小受振幅 A 限制，这样就得到了多组不同频率 f 和振幅 A 的地形矩阵。记最大频率为 f_{max}，将其他频率 f 的矩阵离散插值为 f_{max} 大小，并将插值后的全部地形叠加即为基于 Perlin 噪声的地形模型。采用不同的随机数发生算法、插值算法、振幅 A 的大小即可得到不同形态的模拟地形。本书采用的频率 f 和幅值 A 共 10 组，变化规律如式（4-3）所示，插值方法为 3 次多项式插值，生成的不同插值地形图如图 4-3 所示。

$$f = 2^{i+1}, A = 2^{5-i}, i = 1, \cdots, 8 \qquad (4-3)$$

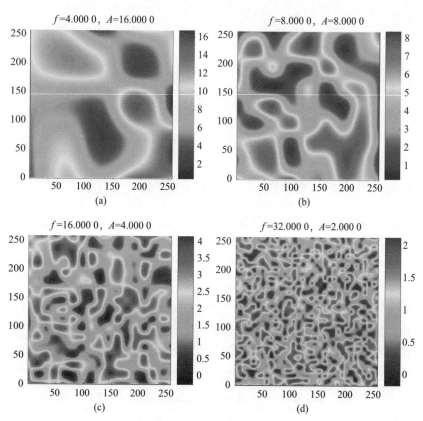

图 4-3　不同插值地形图

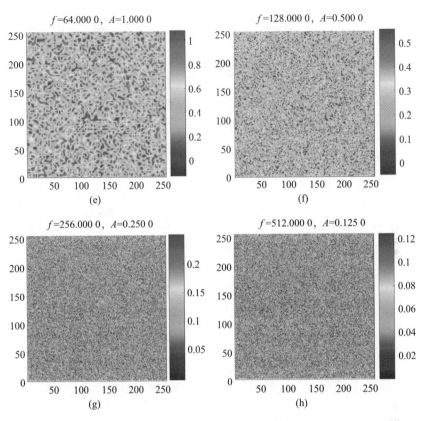

图 4 - 3　不同插值地形图（续）

　　叠加后的地形图如图 4 - 4（a）所示，整体地形起伏程度可以通过噪声幅值 A 进行调整。基础地形与陨石坑叠加的结果如图 4 - 4（b）所示，可知陨石坑地形具有一定的真实性。

　　陨石坑图像包含由光照引起的阴影，在人工模拟陨石坑图像的过程中不可忽略光线阴影的存在。在地形环境的表现上，本书采用 OpenGL 计算机图形库[23] 对地形赋予材质与渲染。OpenGL 是跨编程语言、跨平台编程接口规格的专业的图形程序接口[24]。利用 OpenGL 可以实现计算机图形图像的渲染和显示。如图 4 - 5 所示，OpenGL 中的几何物体通过点、线、面的方式组合形成空间实体，

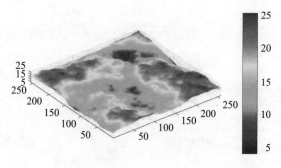

(a) 经过调整的行星基础地形图

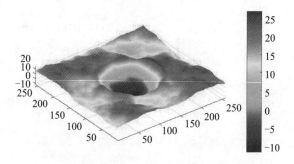

(b) 叠加陨石坑的地形高程图

图 4 - 4

并通过实体中表面外法线方向与光线角度计算漫反射阴影等图像信息。点 $a_{i,j}$、$a_{i+1,j}$、$a_{i,j+1}$ 围成的三角形外法线为 n，光源通过外法线反射投影到摄像机中的亮度即可反映出地形的阴影效果。

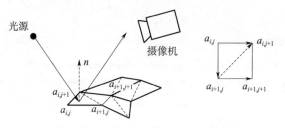

图 4 - 5　OpenGL 阴影产生原理

如图 4 - 5 所示，地形生成算法得到的地形网格多为矩形网格，而构成地形的最小平面为三角形，按照逆时针方式依次绘制曲面并指定外法线方向即可生成包含外法线的地形几何面，即绘制顺序为 $a_{i,j} \rightarrow a_{i+1,j} \rightarrow a_{i,j+1}$ 和 $a_{i,j+1} \rightarrow a_{i+1,j} \rightarrow a_{i+1,j+1}$ 两个三角形作为几何面，其中 $a_{i,j} \rightarrow a_{i+1,j} \rightarrow a_{i,j+1}$ 所包围的三角形的外法线矢量记为 $n_{i,j}$，$a_{i,j+1} \rightarrow a_{i+1,j} \rightarrow a_{i+1,j+1}$ 包围的三角形外法线矢量记为 $m_{i,j}$，则 $n_{i,j}$ 和 $m_{i,j}$ 的计算公式为

$$\begin{cases} n_{i,j} = (a_{i+1,j} - a_{i,j}) \times (a_{i,j+1} - a_{i,j}) \\ m_{i,j} = (a_{i+1,j+1} - a_{i+1,j}) \times (a_{i,j+1} - a_{i+1,j}) \end{cases} \quad (4-4)$$

$n_{i,j}$ 和 $m_{i,j}$ 即地形第 i 行 j 列的地形点与相邻外侧三个矩阵点围成的两个三角形平面的外法线方向，指定外法线的地形平面能够反映出光线照射下的阴影。采用 OpenGL 对陨石坑模型进行渲染，得到增加光照渲染后的模拟陨石坑图如图 4 - 6 所示。

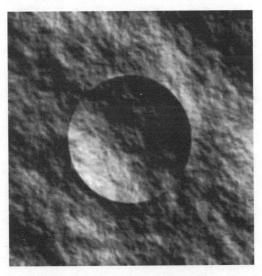

图 4 - 6　陨石坑地形模拟渲染图

4.2.3　基于 HOG 特征的支持向量机分类方法

灰度梯度直方图（HOG）特征是基于局部物体轮廓分布的特征描述子，通过将图像进行分割并统计梯度方向与大小得到该区域的梯度特征分布的统计结果。图像梯度直接反映物体在图像中的轮廓特征，对不同形状的物体，梯度的统计结果也有所不同。可以通过 HOG 特征对图像中不同类型的物体进行分类检测。HOG 特征的检测方法为：

1）对输入图像进行梯度计算，具体方法为计算水平和垂直方向的梯度 (g_x, g_y)，计算梯度大小和梯度方向。

2）将输入图像分割成大小相等的小格（cell），并将几个小格合并为一个小块（block）。块与块之间可以存在重叠，记块内格数为 m。

3）将梯度方向范围进行分割，例如 $0 \sim 360°$可以以 $40°$为步长，分割为 9 个不同通道。步长的大小可以根据实际需要进行调整，记通道数为 n。

4）对每个小格统计内部每个像素的梯度方向直方图，直方图横坐标为通道数 n，纵坐标为该通道内梯度幅值的叠加。每个小格可构成一个 n 维向量。

5）对每个小块内的所有小格的向量进行归一化处理，降低阴影或光照对描述向量的影响。归一化方法为将块内所有向量串连得到 mn 维向量，采用 L2 归一化方法进行归一化，记 v^* 为归一化后的向量，则 $v^* = v/\sqrt{\|v\|_2^2 + \varepsilon^2}$，其中 v 为归一化之前的向量，$\|v\|_2$ 表示 v 的 2 阶范数，ε 为一个较小的常数，避免分母为零。

6）将所有归一化后的向量串连得到的向量即 HOG 特征向量。

陨石坑的形状在图像中多为圆形或椭圆形，其轮廓特征与其他物体区别明显，利用 HOG 特征可以明显地区分陨石坑和其他物体。根据 HOG 特征的定义，选择模拟地形陨石坑图的截取图作为测试图像的标准模板，得到的 HOG 特征图如图 4 - 7 所示，右侧梯度方向统计图表示梯度向量在每个方向上的投影长度，长度越长表示在该方向上的梯度分量越小。

標準模板　　　　　　　　　　梯度方向统计

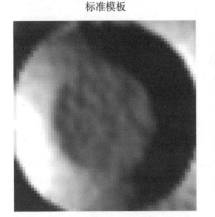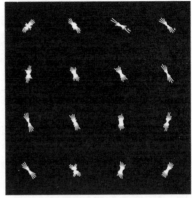

图 4 - 7　HOG 特征提取结果

与一般图像相比，陨石坑地形的梯度方向轮廓感强烈，能够有效区别陨石坑与其他地形特征。

4.2.4　支持向量机分类学习方法

提取出 HOG 特征后，本书采用支持向量机（SVM）进行分类，SVM 在小样本、非线性及高维模式识别中体现出特有的优势，并能够快速有效地区分高维向量，对非线性分类有较好的应用[25]。SVM 通过核技巧将非线性分类问题变换为高维线性可分问题，将向量映射到一个高维空间里，在这个空间里建立一个最大间隔超平面。在分开数据的超平面的两侧建立两个互相平行的超平面，分隔超平面使两个平行超平面的距离最大化，具体方法为：

1）构造正负样本集合 $\Phi\{(x_1, y_1), (x_2, y_2), \cdots, (x_N, y_N)\}$，$x_i \in \mathbb{R}^n$，$y_i = \{+1, -1\}$。选取适当的核函数 $k(x, x')$，构造并求解最优化问题

$$\min_{\alpha}\left(\frac{1}{2}\sum_{i=1}^{N}\sum_{j=1}^{N}\alpha_i\alpha_j y_i y_j k(x, x') - \sum_{i=1}^{N}\alpha_i\right) \qquad (4-5)$$

约束条件为，其中 α 为拉格朗日因子，核函数 $k(x,x')$ 选为线性核。

$$\sum_{i=1}^{N}\alpha_i y_i = 0 \qquad (4-6)$$

$$\alpha_i \geqslant 0, i=1,\cdots,N \qquad (4-7)$$

对凸二次规划问题，通过梯度下降法求得最优解为 $\alpha^* = (\alpha_1^*,\alpha_2^*,\cdots,\alpha_N^*)$。

2）计算 b^*

$$b^* = y_j - \sum_{i=1}^{N}\alpha_i^* y_i k(x,x') \qquad (4-8)$$

3）对新变量 $\tilde{x}$，决策函数及决策结果为

$$f(\tilde{x}) = \text{sign}\Big(\sum_{i=1}^{N}\alpha_i^* y_i k(\tilde{x},x_i) + b^*\Big) \qquad (4-9)$$

通过决策函数的计算结果可知测试样本的正负集分类，完成对陨石坑图像的预筛选过程。

4.3　基于聚类分析的特征点筛选方法

通过支持向量机筛选后的图像区域为可能存在陨石坑的区域，但陨石坑的精确位置无法获得，需要更加准确的描述和标记陨石坑的方法来确定陨石坑在图像中的精确位置。陨石坑具有椭圆形的边缘轮廓，通过边缘检测算法对图像进行边缘轮廓检测，获得图像的边缘点[26]。通过对图像提取特征点并进行椭圆拟合进行标记，但椭圆拟合方法受特征点分布影响较大，因此需要通过对图像特征点进行筛选，选择位于陨石坑边缘的特征点，提高拟合精度。

4.3.1　基于局部密度的点簇聚类方法

聚类方法是能够在复杂数据中寻找特殊模式的机器学习算法，基于密度的点簇分类方法可以在有噪声的环境下准确找出有效数据点[27]。在聚类算法中，基于密度的含噪空间点簇聚类（Density -

Based Spatial Clustering of Applications with Noise，DBSCAN）算法就是基于密度的聚类算法，该方法计算快速准确，适合对含噪特征点进行筛选和标记，计算流程如图 4 - 8 所示。

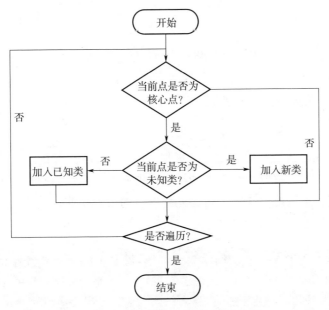

图 4 - 8　DBSCAN 算法流程图

图 4 - 8 介绍的算法流程图中的核心点定义为在该点附近半径为 R_{pts} 的区域内点个数超过指定数量 M_{pts} 的点。如果核心点 A 落在另一个核心点 B 的半径内，则点 A 被判定为加入点 B 所在的分类，如果一个点满足核心点定义但不属于已知类，则将该点划归为新类。核心点的判断逻辑如图 4 - 9 所示，点 A 和点 B 在半径 R_{pts} 内的点的个数都超过了 M_{pts}，则点 A 被划归为核心点，如果 A 在 B 的半径 R_{pts} 内，则 A 归属于 B 所属的类别，对其他点也进行同样的判断。

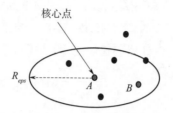

图 4 - 9　DBSCAN 算法核心点示意图

4.3.2　陨石坑筛选与标记

　　陨石坑边缘点具有一定的连续性，其分类中的点密度远高于噪声点形成的核心点的点密度，根据 DBSCAN 算法[28]得到的核心点分类，选择类别内点数较多的类别作为图像的边缘轮廓点。由于陨石坑图像提取的边缘往往包含光照产生的内外轮廓，如图 4 - 10 所示，将影响椭圆拟合的精度。

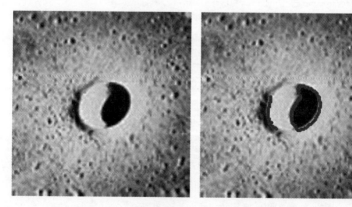

图 4 - 10　包含内部轮廓点的陨石坑边缘点

　　根据图像拍摄时光照方向等信息，可以确定属于陨石坑的外边缘轮廓的分类点，具体方法为通过计算图像边缘点处的图像梯度，记点 p 的水平和竖直梯度为 (g_{px}, g_{py})，则梯度方向为 $\theta_p = \mathrm{atan2}(g_{py}/g_{px})$，记光照方向为 θ_l，则当 $|\theta_p - \theta_l| \leqslant \theta_{eps}$ 时可以确

定 p 点图像梯度与光照方向一致，即为外轮廓点，其中 θ_{eps} 为最大角度偏差。

通过椭圆拟合算法确定图像中陨石坑的中心位置及尺寸，结合探测器自身的位姿信息，得到路标特征的实际位置，与数据库进行对比，得出满足导航所需的观测信息。

4.4　基于深度学习的陨石坑检测方法

2012 年，KRIZHEVSKY A 等人[29]提出的 AlexNet 在 ILSVRC 挑战赛[30]的图像分类任务上夺得冠军，让人们看到了卷积神经网络强大的特征表示能力。在此之后，不断有更加强大的卷积神经网络模型被提出，除了运用在图像分类任务上以外，还广泛应用在图像分割、目标检测等领域，同样具有卓越的性能，验证了卷积神经网络在图像分析和处理方面的优势。卷积神经网络能够自动提取图像中的特征，缓解了设计复杂的预处理流程以及人工特征的困难。本节利用卷积神经网络进行陨石坑检测时，首先需要足够的训练数据进行网络训练，其次需要构建适合的网络模型，最后制定合适的训练策略。

4.4.1　陨石坑数据集

陨石坑数据集使用了 4.2.2 节形成的陨石坑模拟图像。数据集中加入了月球侦察轨道器相机拍摄的 100 张月球灰度图像，并进行手动标注。选取 100 张陨石坑模拟图像和 80 张灰度图像作为训练集，另外 20 张灰度图像作为测试集。本节使用的卷积神经网络模型中存在四次下采样，需要将图像尺寸缩放为 4 的倍数，先对图像进行填充，使图像的长和宽相同，然后缩放至 416×416。

4.4.2　Unet 网络模型

本节采用 RONNEBERGER O 等人[31]提出的 Unet 模型进行陨

石坑检测。Unet 最初提出是为了解决医学图像分割问题，使用很少的训练数据，实现高精度的分割，适用于本节的陨石坑检测任务。Unet 的网络结构如图 4 - 11 所示，包含四次下采样和四次上采样，整体的网络结构呈 U 形。每进行一次下采样，图像特征映射的长宽会缩小一倍，通道数增加一倍。每进行一次上采样，图像特征映射的长和宽都会增大一倍，通道数也相应地减少为二分之一，然后与下采样部分中形状相同的特征映射进行拼接，使网络在进行预测时充分利用图像的深层和浅层特征映射，提高预测精度。网络输出的分割结果尺寸与输入图像相同，分割结果显示了图像每个位置的像素属于陨石坑像素的概率。

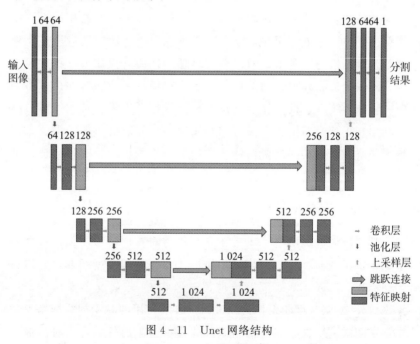

图 4 - 11　Unet 网络结构

　　原始 Unet 的网络参数量较多，计算量大，难以满足实时性需求。因此，对 Unet 网络进行了压缩，减少网络中每个卷积层的卷积核个数，并在相同的条件下进行训练，得到适合的模型。

4.4.3　损失函数设置

使用深度学习方法时，网络模型的性能取决于网络结构的选取和损失函数的选取。训练时，使用适当的损失函数能加快网络模型的收敛，还能提高网络模型的预测精度。根据计算，本书需要处理的图像中，背景像素约占 90%，前景像素即陨石坑像素占比较小，前景类别和背景类别不均衡，需要合适的损失函数来进行训练。Dice 损失函数是 F MILLETARI 等人提出的[32]，适用于类别不均衡的情况，其表达式为

$$Dice\ Loss = 1 - \frac{2\,|\,\boldsymbol{X}\,|\,|\,\boldsymbol{Y}\,|}{|\,\boldsymbol{X}\,|+|\,\boldsymbol{Y}\,|} \qquad (4-10)$$

其中，$\boldsymbol{X}$ 代表真实的分割结果，只有元素 0 和 1 的矩阵，代表图像中对应位置像素所属类别。$\boldsymbol{Y}$ 代表网络预测的分割结果，元素取值在 0 和 1 之间的矩阵，代表图像中对应位置像素属于陨石坑的概率。$|\,\boldsymbol{X}\,|$ 和 $|\,\boldsymbol{Y}\,|$ 分别代表 $\boldsymbol{X}$ 和 $\boldsymbol{Y}$ 自身元素和。为缓解网络的过拟合现象，以及避免损失函数分数项中出现分母为 0 的情况，损失函数分数项的分子分母全部加 1，最终的表达式为

$$Dice\ Loss = 1 - \frac{2\,|\,\boldsymbol{X}\,|\,|\,\boldsymbol{Y}\,|+1}{|\,\boldsymbol{X}\,|+|\,\boldsymbol{Y}\,|+1} \qquad (4-11)$$

4.4.4　训练设置

本节使用的深度学习框架为 pytorch1.4.0，使用的显卡型号为 Nvidia RTX 2060。每次训练使用一张训练图像，当所有的训练图像均使用过一次时，一个训练周期结束，计算模型在测试集上的预测准确率。训练周期个数设置为 100，使用 Adam 优化器，初始学习率设置为 0.000 02，当训练周期数分别到达 50、80、90 时，将学习率除以 10。100 个训练周期完成后，将在测试集上预测准确率最高的模型保存为最终模型。为了减少过拟合，设置权重衰减为 0.000 1。

4.4.5 评价指标

为评估算法性能，本书采用语义分割中常用的评价指标：准确率（accuracy）、精确率（precision）、召回率（recall）和 F1 分数。准确率指网络模型对陨石坑像素和背景像素预测正确的比例，精确率指网络模型预测为陨石坑的像素中预测正确的比例，召回率指样本中陨石坑像素被网络模型成功预测的比例，F1 分数是一个综合指标，是精确率和召回率的调和平均数，各指标的计算公式为

$$accuracy = \frac{TP + TN}{TP + TN + FP + FN} \tag{4-12}$$

$$precision = \frac{TP}{TP + FP} \tag{4-13}$$

$$recall = \frac{TP}{TP + FN} \tag{4-14}$$

$$F1 = \frac{2 \times precision \times recall}{precision + recall} \tag{4-15}$$

其中 TP 表示正确预测为陨石坑像素的个数，TN 表示正确预测为背景像素的个数，FP 表示将陨石坑像素预测为背景的像素个数，FN 表示将背景预测为陨石坑像素的个数。

4.4.6 实验结果分析

训练完成后，将不同压缩倍数的 Unet 在测试集上进行测试。实验结果见表 4-1，表中 Unet//n 代表压缩了 n 倍的 Unet 模型，当对 Unet 进行适当（2 倍或 4 倍）压缩时，可取得更好的性能，原因是模型参数量过大导致模型过拟合，适当降低模型复杂度可提高泛化能力。

表 4 - 1 压缩 Unet 实验结果

网络结构	参数量(个)	准确率(%)	精确率(%)	召回率(%)	F1 分数(%)
Unet	34 525 889	97.4	84.0	**82.6**	83.3
Unet//2	8 636 769	**97.7**	87.0	82.0	**84.4**
Unet//4	2 161 841	97.1	**87.8**	77.1	82.1
Unet//8	541 785	95.9	83.3	74.4	78.6
Unet//16	136 109	95.5	83.2	68.1	74.8

Unet 网络模型（未压缩）在测试集上的部分检测结果如图 4 - 12 所示，实验结果表明 Unet 能够检测出图像中大部分的陨石坑区域，但仍存在误检和漏检区域，通过设计更加合适的网络结构和训练方法可减少误检和漏检的情况。

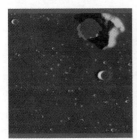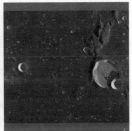

图 4 - 12 Unet 网络模型陨石坑检测效果

参 考 文 献

［1］ 李俊峰，崔文，宝音贺西. 深空探测自主导航技术综述 ［J］. 力学与实践，2012（2）：1-9.

［2］ 王大轶，黄翔宇. 深空探测自主导航与控制技术综述 ［J］. 空间控制技术与应用，2009（3）：6-12.

［3］ 薛喜平，张洪波，孔德庆. 深空探测天文自主导航技术综述 ［J］. 天文研究与技术，2017（3）：382-391.

［4］ 王大轶，徐超，黄翔宇. 深空探测着陆过程序列图像自主导航综述 ［J］. 哈尔滨工业大学学报，2016（4）：1-12.

［5］ J R HALL，R C HASTRUP. Deep space telecommunications，navigation，and information management：Support of the space exploration initiative ［J］. Acta Astronautica，1991，24（1）：267-277.

［6］ HUANG LIDONG，et al. An advanced gradient histogram and its application for contrast and gradient enhancement ［J］. Journal of Visual Communication and Image Representation，2015（31）：86-100.

［7］ MEYER DAVID，FRIEDRICH LEISCH，KURT HORNIK. The support vector machine under test ［J］. Neurocomputing，2003，55（1-2）：169-186.

［8］ LI SHUANG，PINGYUAN CUI，HUTAO CUI. Vision-aided inertial navigation for pinpoint planetary landing ［J］. Aerospace Science and Technology，2007，11（6）：499-506.

［9］ G SALAMUNIĆCAR，S LONČARIĆ，P PINA，et al. MA130301GT catalogue of Martian impact craters and advance devaluation of crater detection algorithms using diverse topography and image datasets ［J］. Planet Space Sci，2011，59（1）：111-131.

［10］ CUI P，GAO X，ZHU S，et al. Visual navigation using edge curve matching for pinpoint planetary landing ［J］. ACTA ASTRONAUTICA，

2018，146（1）：171 – 180.

[11] SANCHEZ – GESTIDO，MANUEL，et al. IMAGE PROCESSING FOR RELATIVE NAVIGATION IN SPACE RENDEZVOUS，SMALL BODY NAVIGATION AND DESCENT AND LANDING FOR PLANETS AND ASTEROIDS [C]. 1st Annual RPI Workshop on Image – Based Modeling and Navigation for Space Applications. 2018.

[12] FUSSENEGGER，MICHAEL，et al. Object recognition using segmentation for feature detection [C]. Proceedings of the 17th International Conference on Pattern Recognition，2004. ICPR 2004. Vol. 3. IEEE，2004.

[13] MANJUNATH B S，CHANDRA SHEKHAR，RAMA CHELLAPPA. A new approach to image feature detection with applications [J]. Pattern Recognition，1996，29（4）：627 – 640.

[14] MAASS BOLKO HANS KRÜGER，STEPHAN THEIL. An edge – free，scale –，pose – and illumination – invariant approach to crater detection for spacecraft navigation [C]. 2011 7th International Symposium on Image and Signal Processing and Analysis (ISPA). IEEE，2011.

[15] LOHSE VOLKER，CHRISTIAN HEIPKE，RANDOLPH L KIRK. Derivation of planetary topography using multi – image shape – from – shading [J]. Planetary and space science，2006，54（7）：661 – 674.

[16] MOUGINIS – MARK，PETER J，HAROLD GARBEIL. Crater geometry and ejecta thickness of the Martian impact crater Tooting [J]. Meteoritics & Planetary Science，2007，42（9）：1615 – 1625.

[17] M GOLOMBEK，D RAPP. Size – frequency distributions of rocks on Mars and Earth analog sites：Implications for future landed missions [J]. Journal of Geophysical Research Atmospheres，1997，102（102）：4117 – 4130.

[18] R J PIKE. Depth/diameter relations of fresh lunar craters：revision from spacecraft data [J]. Geophysical Research Letters，1974，1（7）：291 – 294.

[19] COLLINS G S. Numerical simulations of impact crater formation with dilatancy [J]. Journal of Geophysical Research：Planets，2014，119（12）：2600 – 2619.

[20] LIANG JUN, et al. 3D Terrain Simulation Based on the Method of Random Mid - point Displacement [J]. Computer Simulation, 2005, 1 (22).

[21] GREEN S. Implementing improved perlin noise [J]. gpu gems, 2005: 409 - 416.

[22] 芮小平, 张彦敏, 杨崇俊. 基于 Perlin 噪声函数的 3 维地形可视化研究 [J]. 测绘通报, 2003 (7): 16 - 18.

[23] CHEN BO, HARRY H Cheng. Interpretive OpenGL for computer graphics [J]. Computers & Graphics, 2005, 29 (3): 331 - 339.

[24] NEIDER JACKIE, TOM DAVIS, MASON WOO. OpenGL programming guide [M]. MA: Addison - Wesley, 1993.

[25] SUTHAHARAN SHAN. Support vector machine [C] //Machine learning models and algorithms for big data classification. Boston: Springer, 2016: 207 - 235.

[26] J P COHEN, W DING. Crater detection via genetic search methods to reduce image features [J], Adv Space Res, 2014, 53 (12, 15): 1768 - 1782.

[27] FROSSYNIOTIS D, LIKAS A, STAFYLOPATIS A. A clustering method based on boosting [J]. Pattern Recognition Letters, 2004, 25 (6): 641 - 654.

[28] BIRANT DERYA, ALP KUT. ST - DBSCAN: An algorithm for clustering spatial - temporal data [J]. Data & knowledge engineering, 2007, 60 (1): 208 - 221.

[29] KRIZHEVSKY A, SUTSKEVER I, HINTON G. ImageNet Classification with Deep Convolutional Neural Networks [J]. Advances in neural information processing systems, 2012, 25 (2).

[30] JIA D, WEI D, SOCHER R, et al. ImageNet: A large - scale hierarchical image database [C] // 2009 IEEE Computer Society Conference on Computer Vision and Pattern Recognition (CVPR 2009). IEEE, 2009: 248 - 255.

[31] RONNEBERGER O, FISCHER P, BROX T. U - Net: Convolutional Networks for Biomedical Image Segmentation [J]. International

Conference on Medical Image Computing and Computer – Assisted Intervention，2015.

[32] F MILLETARI，NAVAB N，AHMADI S A. V – Net：Fully Convolutional Neural Networks for Volumetric Medical Image Segmentation［C］// 2016 Fourth International Conference on 3D Vision（3DV）. IEEE，2016.

第5章 着陆自主位姿确定方法

着陆时探测器可以通过图像特征匹配识别地形特征[1]，与数据库特征进行匹配，配合探测器携带的导航传感器解算探测器自身位置和姿态等导航信息[2]。通过探测器识别的地形特征建立相对导航坐标系，根据地形特征在行星表面的位置信息获得探测器的绝对状态信息，从而实现探测器高精度导航[3]。本章以火星着陆探测最终下降段为背景，采用基于视线矢量的方式[4]对着陆过程中匹配的陨石坑特征观测信息作为观测量，通过相机识别的陨石坑位置信息确定探测器的位置和姿态。通过相机观测信息进行导航，受路标位置和数据误差影响较大，导航精度受地形特征的位置影响较大[5]，本章采用对观测方程分析可观测性的方式对系统可观测性进行分析[6]。通过对观测方程线性化的方法分析系统可观测性的结果，推导出导航系统在多组可用路标下的导航路标选取准则。为了验证导航算法的有效性，设计了基于扩展卡尔曼滤波[7]的导航滤波器，将探测器位置、速度、姿态等信息作为状态量进行滤波估计，并结合行星探测着陆导航任务背景进行仿真实验分析。

5.1 基于视线测量的自主光学导航方法

5.1.1 相关坐标系定义

探测器着陆时的位置、速度和姿态等信息需要在坐标系下描述，本书涉及的坐标系如下：

（1）行星质心惯性系 $\Sigma^I (O_I - x_I y_I z_I)$

$O_I - x_I y_I z_I$ 坐标系的坐标原点 O_I 为行星质心，x_I 指向春分点，$x_I y_I$ 与黄道面重合，z_I 过质心满足右手系。探测器在惯性系下状态信息表示在该坐标系下。

(2) 行星固连坐标系 $\Sigma^p(O_p - x_p y_p z_p)$

$O_p - x_p y_p z_p$ 坐标系的坐标原点为行星质心，x_p 沿行星最小惯性主轴方向，z_p 沿行星最大惯性主轴方向，y_p 满足右手系。该坐标系随行星自转，导航地形路标表示在该坐标系下。

(3) 着陆固连坐标系 $\Sigma^l(O_l - x_l y_l z_l)$

$O_l - x_l y_l z_l$ 为着陆固连坐标系，着陆固连坐标系通过三个导航路标构成，取三个着陆区域内的导航路标记为 $l_i^{(p)}(i=1,2,3)$（上标 (p) 表示坐标系，下同），则有

$$e_x = \frac{l_2^{(p)} - l_1^{(p)}}{\| l_2^{(p)} - l_1^{(p)} \|} \tag{5-1}$$

$$e_y = \frac{l_3^{(p)} - l_1^{(p)} - ((l_3^{(p)} - l_1^{(p)}) \cdot e_x) e_x}{\| l_3^{(p)} - l_1^{(p)} - ((l_3^{(p)} - l_1^{(p)}) \cdot e_x) e_x \|} \tag{5-2}$$

$$e_z = e_x \times e_y \tag{5-3}$$

则着陆固连坐标系的 x_l，y_l，z_l 方向分别与 e_x，e_y，e_z 方向重合，探测器的导航状态信息表示在该坐标系下，行星固连坐标系与着陆固连坐标系之间的转换矩阵可以表示为 $C_p^{(l)} = (e_x \quad e_y \quad e_z)$。

(4) 相机固连坐标系 $\Sigma^c(O_c - x_c y_c z_c)$ 与探测器本体固连坐标系 $\Sigma^b(O_b - x_b y_b z_b)$

探测器本体坐标系 $O_b - x_b y_b z_b$ 原点 O_b 为探测器质心，选择 x_b 方向与探测器惯性主轴方向重合，z_b 指向探测器最大惯性主轴方向，y_b 满足右手系。

相机安装方向相对探测器向下，$O_c - x_c y_c z_c$ 的原点 O_c 为相机成像的角点，$x_c y_c$ 与相机成像平面重合，为了简化分析，将探测器本体系与相机系原点重合，x_c 方向与 y_b 方向重合，y_c 方向与 x_b 方向重合。本体系、相机系与着陆固连坐标系之间的关系如图 5-1 所示。其中图像特征点在成像平面内的坐标记为 $\delta(\delta_x, \delta_y)$，相机焦距记为 f_c。

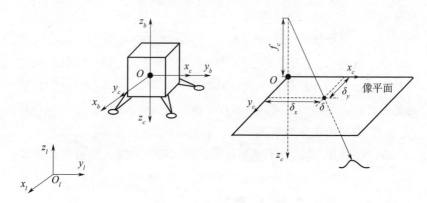

图 5 - 1　坐标系关系示意图

5.1.2　视线测量导航

通过对星表特征的识别与标记,得到满足数据库匹配的地形特征,记匹配后 n 个地形特征在行星固连坐标系下的坐标为 $\boldsymbol{\pi}_i^{(p)}$($i=1$,…,n),则选择三个地形特征后将地形特征坐标 $\boldsymbol{\pi}_i^{(p)}$ 转换至着陆坐标系 Σ^l 下的 $\boldsymbol{\pi}_i^{(l)}$。记探测器在着陆坐标系下的位置矢量为 $\boldsymbol{r}^{(l)}$,则存在如图 5 - 2 所示的位置关系,其中 O_b 为探测器质心,O_c 为相机坐标系原点,两者距离为相机焦距 f_c。

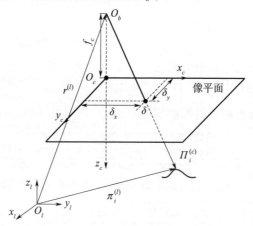

图 5 - 2　位置关系图

相机坐标系下的地形特征位置矢量满足

$$\boldsymbol{\Pi}_i^{(c)} = \boldsymbol{C}_l^{(c)} (\boldsymbol{\pi}_i^{(l)} - \boldsymbol{r}^{(l)}) \tag{5-4}$$

其中 $\boldsymbol{C}_l^{(c)}$ 为从着陆系到本体系的旋转矩阵，$\boldsymbol{\Pi}_i^{(c)}$ 为路标在相机系（本体系）下的位置矢量。根据小孔成像原理，像平面上 $\boldsymbol{\Pi}_i^{(c)}$ 的投影坐标为

$$\begin{pmatrix} \delta_x \\ \delta_y \end{pmatrix} = \frac{f_c}{\Pi_{iz}^{(c)}} \begin{pmatrix} \Pi_{ix}^{(c)} \\ \Pi_{iy}^{(c)} \end{pmatrix} \tag{5-5}$$

定义从着陆系到本体系的姿态四元数为 $\boldsymbol{q} = q_0 + q_1 \boldsymbol{i} + q_2 \boldsymbol{j} + q_3 \boldsymbol{k}$ ，则有

$$\boldsymbol{C}_l^{(c)} = \begin{pmatrix} q_0^2 + q_1^2 + q_2^2 + q_3^2 & 2(q_1 q_2 + q_0 q_3) & 2(q_1 q_3 - q_0 q_2) \\ 2(q_1 q_2 - q_0 q_3) & q_0^2 - q_1^2 + q_2^2 - q_3^2 & 2(q_2 q_3 + q_0 q_1) \\ 2(q_1 q_3 + q_0 q_2) & 2(q_2 q_3 - q_0 q_1) & q_0^2 - q_1^2 - q_2^2 + q_3^2 \end{pmatrix}$$

$$\tag{5-6}$$

选择着陆坐标系下的位置 $\boldsymbol{r}^{(l)}$、速度 $\boldsymbol{v}^{(l)}$ 和姿态转换四元数 $\boldsymbol{q}$ 为系统状态量，记状态量为 $\boldsymbol{s}$，则

$$\boldsymbol{s} = (\boldsymbol{r}^{\mathrm{T}} \quad \boldsymbol{v}^{\mathrm{T}} \quad \boldsymbol{q}^{\mathrm{T}})^{\mathrm{T}} \tag{5-7}$$

本书以火星最终下降段为任务背景，根据以往的任务探测及资料可知，最终下降段的探测器高度约为 3 km，火星当地重力加速度约为 3.8 m/s²，着陆过程为 1~3 min[8]，相比火星自转周期，着陆过程较快，因此可以不计火星自转造成的牵连加速度，将着陆环境考虑为平整大地环境，重力场分布均匀[9]。基于上述假设，得到状态量的系统状态方程为

$$\dot{\boldsymbol{s}} = \begin{pmatrix} \dot{\boldsymbol{r}}^{(l)} \\ \dot{\boldsymbol{v}}^{(l)} \\ \dot{\boldsymbol{q}} \end{pmatrix} = \begin{pmatrix} \boldsymbol{v}^{(l)} \\ 0 \\ 0 \end{pmatrix} + \frac{1}{2} \begin{pmatrix} 0 & 0 \\ 2I & 0 \\ 0 & \Omega(\boldsymbol{q}) \end{pmatrix} \begin{pmatrix} \boldsymbol{a} \\ \boldsymbol{\omega} \end{pmatrix} \tag{5-8}$$

其中 $\boldsymbol{a}$ 为着陆系下的重力加速度 $\boldsymbol{g}_M$ 与控制加速度 $\boldsymbol{u}$ 的合加速度，通过加速度计测量并根据四元数转换至着陆坐标系。$\boldsymbol{\omega}$ 为测量得到探测器角速度根据四元数转换至着陆坐标系下的测量结果。$\Omega(\boldsymbol{q})$ 为四元数运动方程，表示为

$$\Omega(\boldsymbol{q})=\begin{pmatrix} -q_1 & -q_2 & -q_3 \\ q_0 & -q_3 & q_2 \\ q_3 & q_0 & -q_1 \\ -q_2 & q_1 & q_0 \end{pmatrix} \quad (5-9)$$

观测量选择为 $(\delta_{1x} \quad \delta_{1y} \quad \cdots \quad \delta_{ix} \quad \delta_{iy} \quad \cdots \quad \delta_{Nx} \quad \delta_{Ny})^T (i=1,\cdots,N)$，观测方程为式（5-5），选择 N 组导航路标在像平面的坐标作为观测量。根据观测方程可知系统可观测性与导航路标的数量和位置有关系，下面针对系统可观测性对系统进行分析。

5.2　导航方案可观测性分析

根据式（5-8）可知，最终下降段系统为非线性系统[10]，针对非线性系统的可观测性问题，文献[11]阐述了非线性系统的完全可观的判别方法。对于一般非线性系统

$$\begin{cases} \dot{\boldsymbol{X}}(t)=f(\boldsymbol{X}(t),t),\boldsymbol{X}(t_0)=\boldsymbol{X}_0 \\ y(t)=h(\boldsymbol{X}(t),t) \end{cases} \quad (5-10)$$

对于所有状态 $\boldsymbol{X}(t)$ 都有

$$M(\boldsymbol{X}(t))=\int_{t_0}^t \boldsymbol{\Phi}^T(\tau,t_0)\boldsymbol{H}^T(\tau)H(\tau)\boldsymbol{\Phi}(\tau,t_0)\mathrm{d}\tau \quad (5-11)$$

$M(\boldsymbol{X}(t))$ 为正定，则系统完全可观测，其中

$$\boldsymbol{H}(t)=\frac{\partial h(\boldsymbol{X}(t),t)}{\partial \boldsymbol{X}(t)},\boldsymbol{\Phi}=\frac{\partial f(\boldsymbol{X}(t),t)}{\partial \boldsymbol{X}(t)} \quad (5-12)$$

但是式（5-11）需要要求所有 $\boldsymbol{X}(t)$ 满足正定约束，这在工程上难以实现，因此需要选择满足工程应用的可观测性分析方法。

5.2.1　可观测性的分析方法

目前适合工程应用的非线性系统可观测性判别方法有以下3种[12]：

1）直接法。通过直接建立观测量和状态量之间的函数关系，对观测方程的函数结构进行分析，确定系统状态量的可观测范围及观测性能。由于多数观测方程复杂，函数分析困难，该方法使用范围有限[13]。

2）非线性数值求解法。非线性系统的可观测性判定方法无法得出系统完全可观的结果，因此非线性判定方法主要针对系统的局部状态量进行可观测性分析。非线性可观测性判据的基础是李导数矩阵[14]。因观测性判据矩阵与系统状态量维数有关，针对本书所选的状态和观测量，观测方程的李导数过于复杂，数据量过大，超过计算机的存储范围，不适合采用非线性可观测性判据进行可观测性分析。

3）线性化法。线性化法将系统方程在局部状态量上进行线性化，由于线性系统可观测性分析理论较为完备，在线性化后的系统进行可观测性分析。该方法的缺点是线性化会改变原系统的相关特性，因此对于非线性程度较高的系统需要确定能否在该状态下进行线性化[15]。

综上所述，线性化法计算量较小，不存在李导数维数因偏导数符号运算需巨大计算资源的问题，因此本书选择采用线性化法对系统可观测性进行分析。

5.2.2　系统可观测性分析

根据式（5-8）和式（5-5）建立系统方程，将系统状态方程围绕 s_0 进行线性化，对于线性化后的系统方程为

$$\boldsymbol{\Gamma}_{k_0, k_0+N-1} = \begin{pmatrix} \boldsymbol{H}_{k_0} \\ \boldsymbol{H}_{k_0+1} \boldsymbol{\Phi}_{k_0+1, k_0} \\ \vdots \\ \boldsymbol{H}_{k_0+N-1} \boldsymbol{\Phi}_{k_0+N-1, k_0} \end{pmatrix} \tag{5-13}$$

其中 $\boldsymbol{H}$ 和 $\boldsymbol{\Phi}$ 为式（5-12）算出的观测方程和状态方程的雅可

比矩阵[16]，如果存在正整数 N 使得 $\boldsymbol{\Gamma}_{k_0,\,k_0+N-1}$ 的秩为 n，n 为系统状态的维数，状态量和测量量之间存在对应关系，$\boldsymbol{\Gamma}_{k_0,\,k_0+N-1}$ 是否接近奇异反映了状态量和观测量之间联系的强弱，则对 $\boldsymbol{\Gamma}_{k_0,\,k_0+N-1}$ 进行奇异值分解，并根据奇异值的大小即可判别系统可观测性。对系统方程的雅可比矩阵为

$$H=\begin{pmatrix}\dfrac{\partial h_{1x}}{\partial r}&\mathbf{0}_{1\times3}&\dfrac{\partial h_{1x}}{\partial q}\\[2mm]\dfrac{\partial h_{1y}}{\partial r}&\mathbf{0}_{1\times3}&\dfrac{\partial h_{1x}}{\partial q}\\[1mm]\vdots&\vdots&\vdots\\[1mm]\dfrac{\partial h_{ix}}{\partial r}&\mathbf{0}_{1\times3}&\dfrac{\partial h_{ix}}{\partial q}\\[2mm]\dfrac{\partial h_{iy}}{\partial r}&\mathbf{0}_{1\times3}&\dfrac{\partial h_{iy}}{\partial q}\end{pmatrix},\boldsymbol{\Phi}=\begin{pmatrix}\mathbf{0}_{3\times3}&\mathbf{I}_{3\times3}&\mathbf{0}_{3\times4}\\\mathbf{0}_{3\times3}&\mathbf{0}_{3\times3}&\mathbf{0}_{3\times4}\\\mathbf{0}_{4\times3}&\mathbf{0}_{4\times3}&\mathbf{0}_{4\times4}\end{pmatrix}\quad(5-14)$$

当 $N=2$ 时选择不同的导航路标数目下 $\boldsymbol{\Gamma}_{k_0,\,k_0+N-1}$ 的秩见表 5-1，由于四元数本身耦合，仅包含 3 个独立变量，系统方程维数可以看作独立的 9 个变量，选择分解后的前 9 个奇异值作为系统可观性判别的依据。

由表 5-1 可知当导航路标数目为 3 个以上时，系统状态完全可观。在 3 个以上路标的前提下，导航路标数目的增加会提高奇异值的大小，在实际情况中应该在考虑系统可观性和星载计算能力之间进行权衡，选择合适的导航路标数目。

表 5-1　观测方程可观测性分析

导航路标个数	$\boldsymbol{\Gamma}_{k_0,k_0+N-1}$ 的秩	最大奇异值	最小奇异值
1	4	不可观	不可观
2	7	不可观	不可观
3	9	0.237 764	0.000 001
4	9	0.273 393	0.000 002
5	9	0.301 682	0.000 003

　　由于导航观测方程与导航路标的地理位置有关，因此在大于 3 个导航路标的环境下选择满足导航要求的最优路标是有必要的[17]。在固定系统状态条件下，将 3 个导航路标的地理位置信息作为函数变量，观测矩阵条件数作为函数输出，采用模拟退火算法[18]推出观测条件数最大的路标地理位置。选择多组初值后得到的导航系统条件数及路标位置见表 5 - 2。

表 5 - 2　最优路标构型下路标坐标

条件数的倒数	路标 A 的 x 坐标	路标 A 的 y 坐标	路标 B 的 x 坐标	路标 B 的 y 坐标	路标 C 的 x 坐标	路标 C 的 y 坐标
4829.831 5	733.733 1	−40.650 8	−85.061 9	567.691 2	851.131 0	972.793 1
4828.984 0	571.369 1	−85.785 3	−42.940 0	731.099 2	971.661 8	854.647 1
4831.022 9	−74.290 4	594.459 5	705.340 8	−44.579 9	868.949 6	950.120 3
4829.555 8	992.978 1	844.631 3	−44.942 2	754.711 5	551.984 3	−99.289 2
4830.405 8	620.614 4	−93.663 3	−74.433 3	692.379 7	953.821 7	901.285 5
4832.126 0	965.404 5	852.549 5	572.706 6	−79.346 2	−38.248 8	726.319 5
4829.217 0	−99.523 1	543.209 1	762.374 5	−40.805 8	837.147 5	997.605 7
4836.160 1	915.203 4	956.380 5	687.635 7	−87.766 9	102.838 5	631.386 2
4831.351 3	708.915 4	−69.404 3	888.849 7	965.532 1	−97.448 0	603.917 8
4830.515 3	731.435 6	−57.623 0	−98.476 9	578.301 3	867.265 3	979.042 7

　　通过表 5 - 2 得到的地形路标坐标绘制在着陆坐标系水平面上的结果如图 5 - 3 所示，着陆路标连线多接近正三角形，在选择路标时可尽量选择接近正三角形构型的路标。

　　设计 3 个正三角形路标作为导航路标可以满足导航可观测性要求[19]，在此基础上设计导航滤波器[20]，以探测器的位置、速度、姿态四元数作为状态量进行滤波估计。

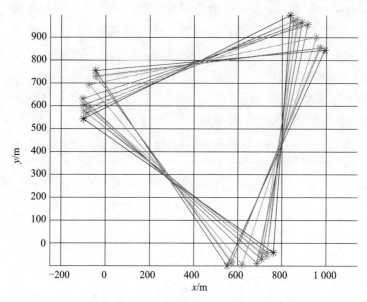

图 5 - 3　路标连线三角形图

5.3　导航滤波算法设计

5.3.1　状态方程与观测方程

由式（5-8）可知，着陆状态方程为非线性方程，记非线性系统的方程为

$$\begin{cases} \dot{s} = f(s) + Uu_m + \varGamma w_a \\ z = h(s) + w_c \end{cases} \tag{5-15}$$

其中，u_m 为加速度计测量的着陆坐标系下的加速度，传感器测量模型[21]表示为

$$u_m = u_a + w_a \tag{5-16}$$

u_a 为加速度真实值，w_a 为测量噪声。w_a 和 w_c 为独立于时间的一阶过程噪声向量，过程噪声满足高斯白噪声[22]

$$\begin{cases} E\left[w(t)\right]=0 \\ E\left[w(t)w^{\mathrm{T}}(t)\right]=\varepsilon^2\delta\left(t-\tau\right) \end{cases} \tag{5-17}$$

其中 ε 为方差强度，以脚标表示不同噪声序列。根据式（5-8）可知，$\boldsymbol{U}$ 和 $\boldsymbol{\Gamma}$ 为

$$\boldsymbol{U}=\frac{1}{2}\begin{pmatrix} 0 & 0 \\ 2\boldsymbol{I} & 0 \\ 0 & \Omega(\boldsymbol{q}) \end{pmatrix},\boldsymbol{\Gamma}=-\boldsymbol{U} \tag{5-18}$$

对状态方程离散化后得到的离散状态方程为

$$\boldsymbol{s}_k=F\left[\boldsymbol{s}_{k-1}\right]+\boldsymbol{\Psi}\left[\boldsymbol{s}_{k-1}\right]\boldsymbol{u}_{k-1}+\boldsymbol{\Gamma}\left[\boldsymbol{s}_{k-1}\right]\boldsymbol{w}_{k-1}^{(a)} \tag{5-19}$$

式中

$$F\left[\boldsymbol{s}_{k-1}\right]=\boldsymbol{s}_{k-1}+f\left[\boldsymbol{s}_{k-1}\right]\Delta T_c+\frac{1}{2}\frac{\partial f\left[\boldsymbol{s}_{k-1}\right]}{\partial\boldsymbol{s}_{k-1}}f\left[\boldsymbol{s}_{k-1}\right]\Delta T_c^2 \tag{5-20}$$

$$\boldsymbol{\Psi}\left[\boldsymbol{s}_{k-1}\right]=\left(\frac{1}{2}\frac{\partial f\left[\boldsymbol{s}_{k-1}\right]}{\partial\boldsymbol{s}_{k-1}}\Delta T_c^2+\Delta T_c\boldsymbol{I}\right)\boldsymbol{U}\left[\boldsymbol{s}_{k-1}\right] \tag{5-21}$$

$$\boldsymbol{\Gamma}\left[\boldsymbol{s}_{k-1}\right]=-\boldsymbol{U}\left[\boldsymbol{s}_{k-1}\right]\Delta T_c \tag{5-22}$$

其中 ΔT_c 为离散周期，将状态方程围绕滤波值 $\hat{\boldsymbol{s}}_k$ 展开线性化，去除高阶项得到线性化后的状态方程为

$$\boldsymbol{s}_k=\boldsymbol{\Phi}_{k,k-1}\boldsymbol{s}_{k-1}+\boldsymbol{\phi}_{k-1}+\boldsymbol{\Gamma}\left[\hat{\boldsymbol{s}}_{k-1}\right]\boldsymbol{w}_{k-1}^{(a)} \tag{5-23}$$

其中

$$\boldsymbol{\Phi}_{k,k-1}=\boldsymbol{I}+\Delta T_c\left.\frac{\partial f\left[\boldsymbol{s}_{k-1}\right]}{\partial\boldsymbol{s}_{k-1}}\right|_{\boldsymbol{s}_{k-1}=\hat{\boldsymbol{s}}_{k-1}}+\frac{1}{2}\Delta T_c^2\left(\left.\frac{\partial f\left[\boldsymbol{s}_{k-1}\right]}{\partial\boldsymbol{s}_{k-1}}\right|_{\boldsymbol{s}_{k-1}=\hat{\boldsymbol{s}}_{k-1}}\right)^2 \tag{5-24}$$

$$\boldsymbol{\phi}_{k-1}=F\left[\hat{\boldsymbol{s}}_{k-1}\right]-\boldsymbol{\Phi}_{k,k-1}\hat{\boldsymbol{s}}_{k-1}+\boldsymbol{\Psi}\left[\hat{\boldsymbol{s}}_{k-1}\right]\boldsymbol{u}_{k-1} \tag{5-25}$$

将观测方程非线性函数 $h(\boldsymbol{s})$ 围绕 $\hat{\boldsymbol{s}}_{k,k-1}$ 展开线性化，省略高阶项后得到

$$\boldsymbol{z}_k=\boldsymbol{H}_k\boldsymbol{s}_k+\boldsymbol{\varphi}_k+\boldsymbol{w}_k^{(c)} \tag{5-26}$$

其中

$$\boldsymbol{H}_k=\left.\frac{\partial h\left[\boldsymbol{s}_k\right]}{\partial\boldsymbol{s}_k}\right|_{\boldsymbol{s}_k=\hat{\boldsymbol{s}}_{k,k-1}} \tag{5-27}$$

$$\boldsymbol{\varphi}_k = h \left[\hat{\boldsymbol{s}}_{k,k-1}\right] - \frac{\partial h \left[\boldsymbol{s}_k\right]}{\partial \boldsymbol{s}_k}\Bigg|_{\boldsymbol{s}_k = \hat{\boldsymbol{s}}_{k,k-1}} \hat{\boldsymbol{s}}_{k,k-1} \tag{5-28}$$

5.3.2　扩展卡尔曼滤波器设计

根据 5.3.1 部分处理线性化离散化后的系统状态方程和观测方程，通过扩展卡尔曼滤波算法进行状态估计，应用基本卡尔曼滤波方程[23]可得

$$\hat{\boldsymbol{s}}_{k,k-1} = F \left[\hat{\boldsymbol{s}}_{k-1}\right] + \boldsymbol{\Psi}\left[\hat{\boldsymbol{s}}_{k-1}\right] \boldsymbol{u}_{k-1} \tag{5-29}$$

$$\boldsymbol{P}_{k,k-1} = \boldsymbol{\Phi}_{k,k-1} \boldsymbol{P}_{k-1} \boldsymbol{\Phi}_{k,k-1}^{\mathrm{T}} + \boldsymbol{\Gamma}_k \boldsymbol{Q} \boldsymbol{\Gamma}_k^{\mathrm{T}} \tag{5-30}$$

$$\boldsymbol{K}_k = \boldsymbol{P}_{k,k-1} \boldsymbol{H}_k^{\mathrm{T}} \left[\boldsymbol{H}_k \boldsymbol{P}_{k,k-1} \boldsymbol{H}_k^{\mathrm{T}} + \boldsymbol{R}\right]^{-1} \tag{5-31}$$

$$\hat{\boldsymbol{s}}_k = \hat{\boldsymbol{s}}_{k,k-1} + \boldsymbol{K}_k \left(\boldsymbol{z}_k - h \left[\hat{\boldsymbol{s}}_{k,k-1}\right]\right) \tag{5-32}$$

$$\boldsymbol{P}_k = \left[\boldsymbol{I} - \boldsymbol{K}_k \boldsymbol{H}_k\right] \boldsymbol{P}_{k,k-1} \tag{5-33}$$

式（5-30）和式（5-31）中的 $\boldsymbol{Q}$ 阵和 $\boldsymbol{R}$ 阵分别为系统过程噪声[24]和观测噪声[25]的方差矩阵，可得

$$\boldsymbol{Q} = \mathrm{diag}\left(\varepsilon_a^2 \quad \varepsilon_a^2 \quad \varepsilon_a^2 \quad \varepsilon_g^2 \quad \varepsilon_g^2 \quad \varepsilon_g^2\right) \tag{5-34}$$

$$\boldsymbol{R} = \mathrm{diag}\left(\varepsilon_{cx}^2 \quad \varepsilon_{cy}^2 \quad \cdots \quad \varepsilon_{cx}^2 \quad \varepsilon_{cy}^2 \quad \cdots \quad \varepsilon_{cx}^2 \quad \varepsilon_{cy}^2\right) \tag{5-35}$$

$\boldsymbol{R}$ 阵的维数为 $2N$，N 为导航选择的路标个数，ε_a^2 为加速度计噪声方差，ε_g^2 为陀螺仪噪声方差，ε_{cx}^2 和 ε_{cy}^2 分别为成像平面水平和竖直方向噪声方差。

参 考 文 献

[1] CE SETTI A, FRONTONI E, MANCINI A, et al. A Vision - Based Guidance System for UAV Navigation and Safe Landing using Natural Landmarks [J]. Journal of Intelligent & Robotic Systems, 2010, 57 (1 - 4): 233.

[2] J K MILLER, Y. CHENG. Autonomous Landmark Tracking Orbit Determination Strategy [C]. AAS/AIAA Astrodynamics Specialist Conference, Ponce, Puerto Rico, 2003. AAS 03 - 614.

[3] AMZAJERDIAN FARZIN, et al. Lidar systems for precision navigation and safe landing on planetary bodies [C]. International Symposium on Photoelectronic Detection and Imaging 2011: Laser Sensing and Imaging; and Biological and Medical Applications of Photonics Sensing and Imaging. Vol. 8192. International Society for Optics and Photonics, 2011.

[4] YIM JO RYEONG, JOHN L CRASSIDIS, JOHN L. JUNKINS. Autonomous orbit navigation of two spacecraft system using relative line of sight vector measurements [C]. Proceedings of the AAS Space Flight Mechanics Meeting. 2004.

[5] LI SHUANG, PINGYUAN CUI, HUTAO CUI. Vision - aided inertial navigation for pinpoint planetary landing [J]. Aerospace Science and Technology, 2007, 11 (6): 499 - 506.

[6] LIU Y Y, SLOTINE J J, A L BARABÁSI. From the Cover: Observability of complex systems [J]. Proceedings of the National Academy of Sciences of the United States of America, 2013, 110 (7): 2460.

[7] FUJII, KEISUKE. Extended kalman filter [J]. Refernce Manual, 2013: 14 - 22.

[8] POLSGROVE TARA, ALICIA M DWYER - CIANCIOLO. Human mars

entry, descent and landing architecture study overview [C]. AIAA SPACE 2016. 2016. 5494.

[9] BRAUN ROBERT D, ROBERT M MANNING. Mars exploration entry, descent and landing challenges [C]. 2006 IEEE Aerospace Conference. IEEE, 2006.

[10] STELTZNER ADAM, et al. Mars Science Laboratory entry, descent, and landing system [C]. 2006 IEEE Aerospace Conference. IEEE, 2006.

[11] 刘宇飞. 深空自主导航方法研究及在接近小天体中的应用 [D]. 哈尔滨: 哈尔滨工业大学, 2007.

[12] LIU YANG - YU, JEAN - JACQUES SLOTINE, ALBERT - LÁSZLÓ BARABÁSI. Observability of complex systems [J]. Proceedings of the National Academy of Sciences, 2013, 110 (7): 2460 - 2465.

[13] 胡小平. 自主导航理论与应用 [M]. 长沙: 国防科技大学出版社, 2002: 18 - 33.

[14] R HERMANN, J K ARTHUR. Nonlinear Controllability and Observability [J]. IEEE Transactions on Automatic Control, 1977, 22 (5): 728 - 740.

[15] J R Yim. Autonomous Spacecraft Orbit Navigation [D]. College Station: TexasA&M University, 2002: 28 - 32.

[16] DE PERSIS CLAUDIO, ALBERTO ISIDORI. On the observability codistributions of a nonlinear system [J]. Systems & control letters, 2000, 40 (5): 297 - 304.

[17] BATISTA PEDRO, CARLOS SILVESTRE, PAULO OLIVEIRA. Sensor - based long baseline navigation: Observability analysis and filter design [J]. Asian Journal of Control, 2014, 16 (4): 974 - 994.

[18] VAN LAARHOVEN PETER J M, EMILE H L AARTS. Simulated annealing: Theory and applications [M]. Dordrecht: Springer, 1987. 7 - 15.

[19] SHEN KAI, et al. Quantifying observability and analysis in integrated navigation [J]. NAVIGATION , Journal of the Institute of Navigation, 2018, 65 (2): 169 - 181.

[20] CARPENTER J RUSSELL, CHRISTOPHER N D' SOUZA. Navigation filter best practices [Z]. 2018.

[21]　SUN JUNHUA, et al. A vision measurement model of laser displacement sensor and its calibration method [J]. Optics and Lasers in Engineering, 2013, 51 (12): 1344 – 1352.

[22]　DJURIC PETAR M. A model selection rule for sinusoids in white Gaussian noise [J]. IEEE Transactions on Signal Processing, 1996, 44 (7): 1744 – 1751.

[23]　WELCH GREG, GARY BISHOP. An introduction to the Kalman filter [Z]. 1995: 127 – 132.

[24]　DENNIS BRIAN, et al. Estimating density dependence, process noise, and observation error [J]. Ecological Monographs, 2006, 76 (3): 323 – 341.

[25]　KLEINMAN D. Optimal control of linear systems with time – delay and observation noise [J]. IEEE Transactions on Automatic Control, 1969, 1415: 524 – 527.

第 6 章　行星进入轨迹优化与评估方法

行星着陆探测主要可分为进入、下降与着陆（EDL）三个过程，EDL 技术直接影响到航天器能否安全着陆到行星表面。其中，进入段的持续时间占据了整个 EDL 过程的绝大部分[1,2]，因此，行星进入段对着陆任务影响最大，航天器着陆探测的轨迹控制主要在该阶段进行，效率也最高[3,4]。然而，由于进入段动力学复杂、进入过程约束多，以及航天器设计参数各异，使得行星进入探测任务设计存在着巨大的困难与挑战[6-9]。

本章以行星着陆探测任务为背景，研究行星进入轨迹的快速优化与评估。针对目前已有的研究成果在求解行星进入可达集时很难兼顾分析结果的最优性以及求解效率的问题，从智能数据统计的角度出发，挖掘航天器进入初始轨迹参量与轨迹包络特征参量之间的映射关系，将贝叶斯原理的思想引入行星进入可达集的求解过程，提升求解效率。针对行星进入轨迹期望具有更高的终端高度，从而提供足够充分的时间对航天器进行位置姿态调整这一任务需求，设计了以最大终端高度为目标的行星进入轨迹优化方法，介绍了一种利用贝叶斯理论的行星进入段最大终端高度快速评估方法。最后，利用本章的可达集快速求解方法、进入轨迹设计评估方法对进入轨迹特性与飞行能力进行分析评估，从而为行星着陆探测任务的设计提供参考帮助。

6.1　进入段可达集优化求解方法

进入段稀薄的大气和相对较高的重力使航天器的减速困难重重，可达集作为描绘轨迹包络的关键特征之一，能够为行星着陆任务中

进入轨迹的设计提供重要的辅助参考和设计思路。本节设计行星进
入可达集优化求解方法，并进行大量的仿真实验，为可达集快速预
测模型的训练、测试提供样本数据。首先，解释可达集求解过程涉
及的相关概念。接着，建立本节采用的行星进入段动力学模型。然
后，介绍传统的行星进入可达集优化求解方法，并利用该方法对不
同火星进入任务场景和航天器参数进行大量的仿真，为建立可达集
快速预测计算模型提供样本数据。

6.1.1　可达集的相关定义

（1）横程、纵程

在减速装置启动时，行星进入航天器飞行航程的大小直接影响
航天器能够探索的区域的大小，以及目标着陆点可选择的范围等，
从而影响整个行星探测任务的科学价值。行星进入航天器的飞行航
程范围通常由航天器的飞行横程、纵程构成的二维落点走廊来表征。
纵程是指进入轨迹投影到经-纬度平面内的进入点到目标点在大圆弧
上平行投影的距离。横程是指进入轨迹投影到经-纬度平面内的进入
点到目标点相对大圆弧垂直方向的距离，横程符号在大圆弧的右侧
为正，左侧为负[5]。而行星进入航天器的横-纵程范围是指由航天器
所能达到的最大横程、最小纵程和最大纵程所构成的飞行范围。

纵程 L_D 与横程 L_C 表示为

$$L\_D = R_m \beta_D \tag{6-1}$$

$$L\_C = R_m \beta_C \tag{6-2}$$

其中，R_m 为行星半径，β_D、β_C 分别为纵程、横程所对应的行
心角

$$\beta_D = \arccos(\cos\beta_0 / \cos\beta_C) \tag{6-3}$$

$$\beta_C = \arcsin(\sin\beta_0 \sin(\psi_0 - \psi_b)) \tag{6-4}$$

其中，ψ_0 为初始点的航向角，β_0、ψ_b 为求解纵程、横程对应的行
心角的中间量，表示为

$$\beta_0 = \arccos(\sin\phi \sin\phi_0 + \cos\phi \cos\phi_0 \cos(\theta - \theta_0)) \tag{6-5}$$

$$\psi_b = \arctan(\sin(\theta - \theta_0)/(\cos\phi_0\tan\phi - \cos(\theta - \theta_0)\sin\phi_0))$$

$$(6-6)$$

其中，θ_0、ϕ_0 为进入点初始经纬度。

(2) 可达集、可达集最优子集

行星进入的可达集是指在给定的行星进入初始状态，航天器减速装置开启时所能达到的终端状态的集合。可达集作为一种辅助行星进入轨迹设计的重要手段，对行星进入任务的设计有着重要的意义，通过对可达集的计算，能够在航天器参数以及进入场景确定时，给出相应的着陆区域以及所能达到的终端高度等。

可达集是包含着陆器状态变量值的 6 维集合，而对完整可达集的计算或者仅对其边界进行求解的计算量都会是十分庞大的。因此目前在计算可达集时往往是通过引入关注于实际工程任务所感兴趣的轨迹特征的可达集的最优子集[5]，来代替计算完整的可达集，从而能够使可达集的求解效率得到提升。对于行星进入终端状态的同一组横程、纵程，通常会对应着多个不同的轨迹，其中值得关注的往往是对行星进入任务设计最有价值的轨迹。比如，终端高度的大小直接影响航天器降落过程可进行机动的时间，从而影响整个行星探测任务的成败。因此，可达集中同一组横纵程对应的轨迹里具有最大终端高度的那条轨迹是对行星进入任务设计最有价值的。

本章结合实际工程所感兴趣的最大终端高度、最大横纵程范围，将包含着陆器状态变量的 6 维可达集降维为包含横程、纵程和高度的 3 维可达集最优子集，从而减少可达集求解的计算量。因此，本章后续涉及可达集的计算求解意味着计算可达集的最优子集。

6.1.2　可达集的计算方法

本研究考虑了进入过程的边界约束、路径约束以及控制约束，将工程实际感兴趣的最大终端高度、最大横-纵程范围作为性能指标，对进入轨迹进行优化。在给定初始进入状态的条件下，对可达集最优子集进行计算。将倾侧角作为优化变量，对在速度域上给出

的多个倾侧角进行优化，通过插值得到优化的倾侧角曲线，再进行
性能指标的计算。采用基于遗传算法的优化求解器，利用其全局性
好的优点避免局部最小值，从而保证优化结果的质量。

（1）最大横-纵程范围优化求解

①目标函数

在分别求解最大横程、最小纵程和最大纵程时，行星进入轨迹
的过程约束和终端约束相同，因此只需将目标函数 J 进行相应的
调整。

当求解最大横程时：

$$J = -L\_C \tag{6-7}$$

当求解最大纵程时：

$$J = -L\_D \tag{6-8}$$

当求解最小纵程时：

$$J = L\_D \tag{6-9}$$

②过程约束

过载 F 的约束，反映航天器/航天员能够承受的最大减速加速度
$F_{\max}$：

$$F = \sqrt{L^2 + D^2} \leqslant F_{\max} \tag{6-10}$$

热流密度 Q 的约束，反映航天器能够承受的热流峰值 $Q_{\max}$：

$$Q = Q_z \left(\frac{V}{V_e}\right)^{3.08} \sqrt{\rho/\rho_0} \leqslant Q_{\max} \tag{6-11}$$

其中，Q_z 为热流密度系数，V_e 为参考速度，ρ_0 为参考密度。

对于进入过程中的最小高度 $h_{\min}$：

约束时：$h \geqslant h_{\min}$。

不约束时：$h \geqslant h_f$，h_f 为减速装置开启时航天器的高度。

③终端约束

终端马赫数 M_{term} 约束，反映保证减速装置能够正常启动时的速
度区间 $[M_{f\min}, M_{f\max}]$：

$$M_{f\min} \leqslant M_{term} \leqslant M_{f\max} \tag{6-12}$$

终端高度约束：

$$h_{term} = h_f \qquad (6-13)$$

(2) 可达集最优子集优化求解

①目标函数

行星进入航天器的终端高度直接影响降落过程进行机动的时间、落点范围的大小，以及对减速装置性能的要求。更高的终端高度能够提供足够充分的时间对航天器进行位置姿态调整，从而影响整个任务的成败。并且在确定目标着陆区域及减速装置限制的条件下，更高的终端高度能够使具有更大载荷的航天器充分减速，平稳降落在行星表面。

因此，以终端高度作为性能指标，通过优化求解得到最大横-纵程范围后，在所得到的最大横-纵程边界范围内进行网格划分（根据范围大小的不同，每 10 km 或 5 km 进行一次划分），每一个网格点作为终端状态约束，对每一组横-纵程目标点所能达到的最大终端高度进行优化。

选取终端高度 h_{term} 作为优化目标：

$$h_{term} = r_{term} - R_m \qquad (6-14)$$

其中，r_{term} 为减速装置开启时的行心距，R_m 为行星半径。

②过程约束

过载 F 的约束，反映航天器/航天员能够承受的最大减速加速度 F_{max}：

$$F = \sqrt{L^2 + D^2} \leqslant F_{max}$$

热流密度 Q 的约束，反映航天器能够承受的热流峰值 Q_{max}：

$$Q = Q_z \left(\frac{V}{V_e}\right)^{3.08} \sqrt{\rho/\rho_0} \leqslant Q_{max}$$

其中，Q_z 为热流密度系数，V_e 为参考速度，ρ_0 为参考密度。

对于进入过程中的最小高度 h_{min}，约束时：$h \geqslant h_{min}$。

③终端约束

终端马赫数 M_{term} 约束，反映保证减速装置能够正常启动时的速度区间 $[M_{fmin}, M_{fmax}]$：

$$M_{f\min} \leqslant M_{term} \leqslant M_{f\max}$$

终端状态对应的横纵程约束：

$$|\text{L\_D} - \text{L\_D\_f}| \leqslant \text{L\_D\_e} \qquad (6-15)$$

$$|\text{L\_C} - \text{L\_C\_f}| \leqslant \text{L\_C\_e} \qquad (6-16)$$

其中，L_C_f、L_D_f 分别为在最大横-纵程边界范围内划分网格后的一组目标终端落点的横-纵程，L_C_e、L_D_e 分别为横程、纵程允许的最大误差。

以火星着陆探测任务为背景，利用建立的动力学模型及设计的可达集优化求解方法，对不同火星进入任务场景和航天器参数组合进行了 1550 余组轨迹优化仿真，一共得到了 990 余组满足约束条件的最优解。

6.2　基于最大终端高度的进入轨迹优化求解

当航天器减速到能够满足降落伞或其他减速装置的启动要求时的终端高度的大小，直接影响航天器着陆过程能够进行机动的时间、落点范围的大小等。行星进入总期望具有更高的终端高度，如何通过轨迹优化设计使航天器拥有更大的进入段终端高度，以及如何对最大终端高度这一指标进行快速评估是行星探测任务设计的重要问题。

由于行星进入段动力学复杂、航天器设计参数各异，以及进入过程中的约束多，使得传统的利用轨迹优化算法[10-14]来得到行星进入可达集的方法计算量大、计算耗时长，传统的利用轨迹优化算法来得到行星进入可达集的方法存在缺陷，比如计算量庞大，导致计算时间很长，原因除了大气进入动力学复杂以外，进入过程约束多、航天器设计参数各异的问题都必须考虑，给行星探测任务的设计评估造成很大的不便。基于贝叶斯思想的设计评估方法[15]可以避免大量复杂繁琐的计算过程，极大提升优化与评估效率，航空航天领域的各个方面都对贝叶斯思想有所涉及与使用[16-19]。本节利用基于贝叶斯理论的方法对行星进入段最大终端高度预测模型进行设计，建立行星进入航天器的进入速度、终端马赫数、升阻比、弹道系数、最大过载约束、最小高度限制与最大终端高度之间的输入输出模型。该模型在给定新的航天器参数等数据时，能够准确快速地对航天器所能达到的可达集进行预测评估。

6.2.1　行星进入最优轨迹生成

本小节以终端高度为性能指标，尽可能全面地研究在不同进入速度、终端条件、升阻比、弹道系数以及过程约束的参数组合下，行星进入最优轨迹所能达到的最大终端高度。

将进入角和倾侧角作为优化变量，在优化进入角的同时，对在速度域上给出的 10 个倾侧角进行优化[20,21]，通过插值得到优化的倾侧角曲线，再进行性能指标的计算。采用基于遗传算法的优化求解器，利用其全局性好的优点避免局部最小值，从而保证优化结果的质量。本书选取进入段终端高度作为优化目标，参考 6.1.2 小节，终端约束条件发生改变。

终端马赫数，反映保证减速装置能够正常启动时的速度：

$$M_{term} = M_f \tag{6-17}$$

最小终端高度：

$$h_{term} \geqslant 0 \text{ km} \tag{6-18}$$

对不同的火星进入场景、航天器设计参数以及过程约束和进入方式的参数组合进行了 3 240 组仿真，一共得到了 1 400 余组满足约束条件的最优解。

6.2.2　进入段最大终端高度快速评估方法

在第 6.2.1 节的基础上，利用基于贝叶斯理论的方法对得到的数据集进行训练，建立航天器不同参数、初始末端状态、过程约束与最大终端高度的输入输出模型。使该模型能够在给定一组新的探测任务参数时，快速准确地对航天器所能达到的最大终端高度进行预测评估。

首先，准备训练测试数据，将 6.1.2 小节得到的，不同进入速度、升阻比、弹道系数、终端条件以及过程约束的参数组合与对应所能达到的最大终端高度，作为数据集的输入输出。

$$\boldsymbol{x}_i = \begin{pmatrix} V_0 & \gamma_0 & \beta & \dfrac{L}{D} & F_{\max} & h_f \end{pmatrix}^{\mathrm{T}} \quad \text{为模型的输入}$$

$$y_i = h_{term} \qquad\qquad\qquad \text{为模型的输出}$$

对于可变倾侧角控制的进入方式，考虑到载人航天器的情况，一共得到了 1 400 余组数据。

其次，选择适当的均值函数和核函数，设计预测模型框架。

本书选用零均值函数及平方指数协方差函数。其表达式为

$$m(x) = 0 \tag{6-19}$$

$$k(x, x') = \sigma_f^2 \exp\left(-\frac{1}{2l^2}(x_p - x_q)^2\right) + \sigma_n^2 \delta_{pq} \tag{6-20}$$

由此，预测数据与已知的训练数据符合联合正态分布：

$$\begin{pmatrix} Y \\ Y_* \end{pmatrix} \sim N\left(0, \begin{pmatrix} K(X, X) & K(X, X_*) \\ K(X_*, X) & K(X_*, X_*) \end{pmatrix}\right) \tag{6-21}$$

从而计算出新数据的均值和方差

$$\bar{f}_* = K(X_*, X)(K(X, X) + \sigma_n^2 I)^{-1} y \tag{6-22}$$

$$\mathrm{cov}(f_*) = K(X_*, X_*) - K(X_*, X)(K(X, X) + \sigma_n^2 I)^{-1} K(X, X_*) \tag{6-23}$$

接着，通过训练数据优化模型的超参数。

平方指数核函数中包含的 l, σ_f, σ_n 在内的参数向量 w，称为超参数。设 w 的分布依然是高斯分布。由贝叶斯公式可以得到参数 w 的似然函数 $p(w \mid y, X)$。

$$p(w \mid y, X) = \frac{p(y \mid X, w)p(w)}{p(y \mid X)} \tag{6-24}$$

由数据集的联合概率分布：

$$p(y \mid X, w) = \prod_{i=1}^{n} p(y_i \mid x_i, w) = \prod_{i=1}^{n} \frac{1}{(2\pi\sigma_n^2)^{\frac{n}{2}}} \exp\left(-\frac{(y_i - f(x_i))^2}{2\sigma_n^2}\right) \tag{6-25}$$

同时：

$$p(y \mid X) = \int p(y \mid X, w) p(w) \mathrm{d}w \qquad (6-26)$$

可以通过使训练数据具有最大的对数边缘似然来得到最优的超参数取值。通过优化超参数，使模型训练输出的概率达到最大，控制预测误差在合理的范围内。

最后，利用优化求解出的超参数，确定行星进入最大终端高度预测模型。使在给定探测任务的某些参数时，能够利用预测模型快速、准确地对航天器所能达到的最大终端高度进行快速评估。

6.3　进入轨迹特性分析与飞行能力评估

利用基于贝叶斯方法的行星进入终端高度预测模型，能够对不同火星进入参数组合下，航天器所能达到的最大终端高度进行大量预测，进而能够对火星进入轨迹的一些特性进行分析。

本书针对载人航天器，分别对圆轨道进入、椭圆轨道进入以及直接进入三种任务场景下，采用降落伞、充气式减速器和推力式减速器的不同减速装置的航天器，进行最大终端高度预测，结合利用轨迹优化算法得到的最优进入角进行轨迹特性分析。

6.3.1　进入轨迹特性分析

载人火星探测是未来火星探测的任务重点，其进入过程对航天器的最大过载相较于无人探测任务有着更为严苛的约束要求，从而影响火星进入段的最大终端高度。下面以载人航天器为例，对具体情形进行分析。

（1）圆轨道进入

当采用 500 km 圆轨道进入与降落伞减速时，最大终端高度、最优进入角与弹道系数和升阻比之间的变化关系如图 6-1～图 6-3 所示。

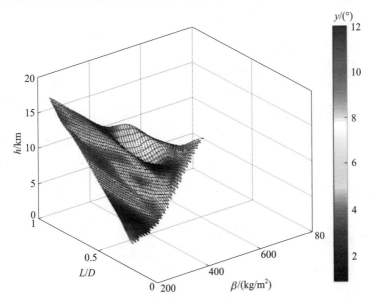

图 6-1　最大终端高度、最优进入角变化规律

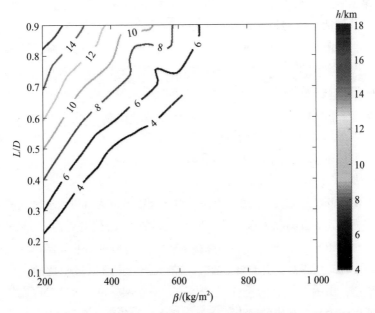

图 6-2　最大终端高度变化规律

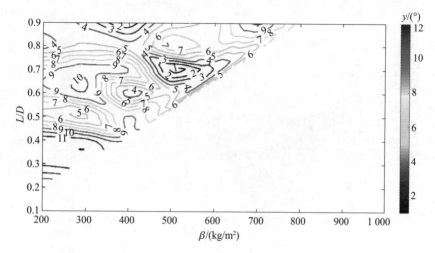

图 6 - 3　最优进入角变化规律

由图 6 - 1、图 6 - 2 可以看出，对于圆轨道进入且采取降落伞作为减速装置的载人航天器，随着弹道系数的减小和升阻比的增大，航天器所能达到的最大终端高度也相应地增大，最大在 18 km 左右。并且当升阻比小于 0.2 或弹道系数大于 800 kg/m² 时，航天器很难满足降落伞减速器的开启条件。由图 6 - 1、图 6 - 3 可以看出，对圆轨道进入且采取降落伞作为减速装置的载人航天器，最大的最佳进入角为 10°左右。

当采用 500 km 圆轨道进入与充气式减速器减速时，最大终端高度、最优进入角与弹道系数和升阻比之间的变化关系如图 6 - 4～图 6 - 6 所示。

由图 6 - 4、图 6 - 5 可以看出，对于圆轨道进入且采取充气式减速器作为减速装置的载人航天器，所能达到的最大终端高度在 30 km 左右。对比图 6 - 2，相对于采用降落伞作为减速装置的航天器，最大终端高度都有所提高。并且此场景下，最大终端高度对升阻比的变化更为敏感。由图 6 - 4、图 6 - 6 可以看出，对于圆轨道进入且采取充气式减速器作为减速装置的载人航天器，最大的最优进入角为 12°左右。

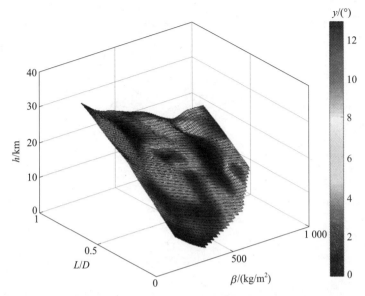

图 6-4　最大终端高度、最优进入角变化规律

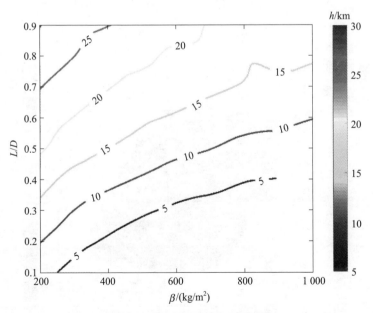

图 6-5　最大终端高度变化规律

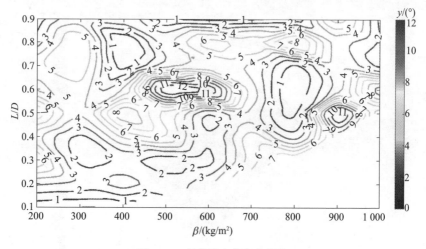

图 6-6　最优进入角变化规律

当采用 500 km 圆轨道进入与推力式减速器减速时，最大终端高度、最优进入角与弹道系数和升阻比之间的变化关系如图 6-7～图6-9 所示。

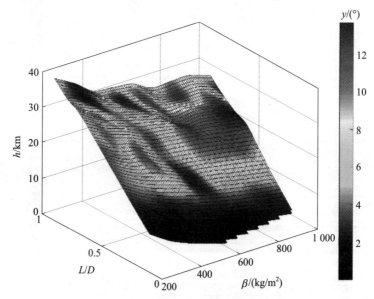

图 6-7　最大终端高度、最优进入角变化规律

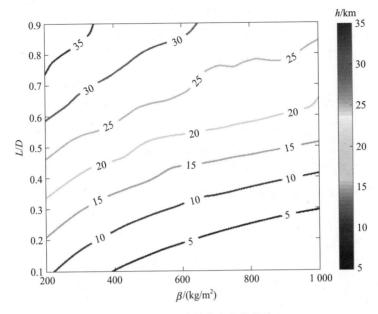

图 6-8　最大终端高度变化规律

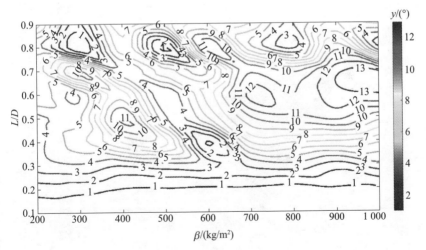

图 6-9　最优进入角变化规律

·144· 地外天体着陆自主导航与制导

　　由图 6-7、图 6-8 可以看出，对于圆轨道进入且采取推力式减速器作为减速装置的载人航天器，随着弹道系数的减小和升阻比的增大，航天器所能达到的最大终端高度变大，最大在 35 km 左右。对比图 6-2、图 6-5，相对于采用降落伞和充气式减速器作为减速装置的航天器，最大终端高度都有一定提高。并且此进入情景下，最大终端高度对升阻比的变化更为敏感。由图 6-7、图 6-9 可以看出，对于圆轨道进入且采取推力式减速器作为减速装置的载人航天器，当升阻比较小时，随升阻比的增大，所应选取的最优进入角也增大。当升阻比较大时，为使终端高度最大，最优进入角随着弹道系数、升阻比的变化呈波动性变化。

　　（2）椭圆轨道进入

　　当采取周期为 1 个火星太阳日的椭圆轨道进入和利用降落伞减速时，最大终端高度、最优进入角与弹道系数和升阻比之间的关系如图 6-10～图 6-12 所示。

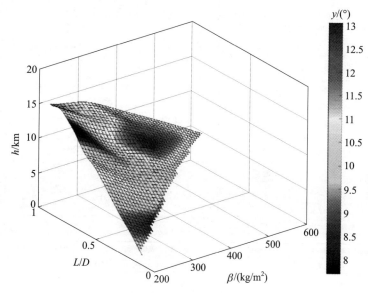

图 6-10　最大终端高度、最优进入角变化规律

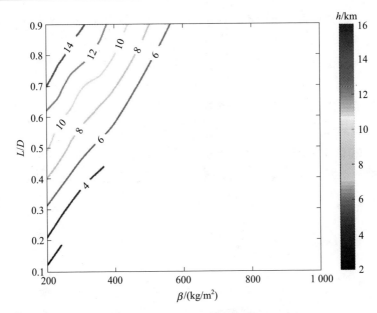

图 6 - 11　最大终端高度变化规律

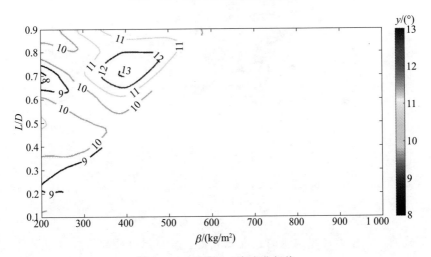

图 6 - 12　最优进入角变化规律

由图 6 - 10、图 6 - 11 可以看出，对于椭圆轨道进入且采取降落伞作为减速装置的载人航天器，随着弹道系数的减小和升阻比的增

大，航天器所能达到的最大终端高度变大，最大在 18 km 左右。对比图 6-2，最大终端高度与圆轨道进入、采取降落伞作为减速装置的情况相似，并且当弹道系数大于 600 kg/m² 时，航天器很难满足降落伞减速器的开启条件。由图 6-10、图 6-12 可以看出，对于椭圆轨道进入且采取降落伞作为减速装置的载人航天器，进入火星大气时的最优进入角最大为 12°左右。

当采用周期为 1 个火星太阳日的椭圆轨道进入和利用充气式减速器减速时，最大终端高度、最优进入角与弹道系数和升阻比之间的变化关系如图 6-13～图 6-15 所示。

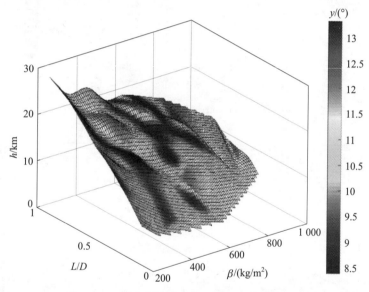

图 6-13　最大终端高度、最优进入角变化规律

由图 6-13、图 6-14 可以看出，对于椭圆轨道进入且采取充气式减速器作为减速装置的载人航天器，随着弹道系数的减小和升阻比的增大，航天器所能达到的最大终端高度变大，最大在 30 km 左右。对比图 6-5，最大终端高度与圆轨道进入并采取充气式减速器作为减速装置的情况相似。

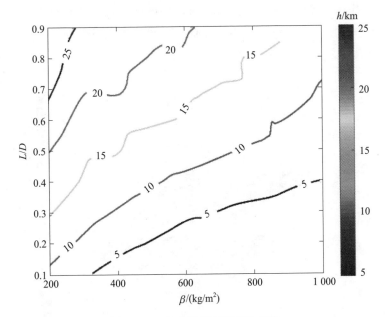

图 6 - 14　最大终端高度变化规律

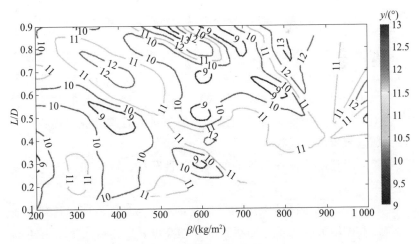

图 6 - 15　最优进入角变化规律

当采用周期为 1 个火星太阳日的椭圆轨道进入和利用推力式减速器减速时，最大终端高度、最优进入角与弹道系数和升阻比之间的变化关系如图 6 - 16～图 6 - 18 所示。

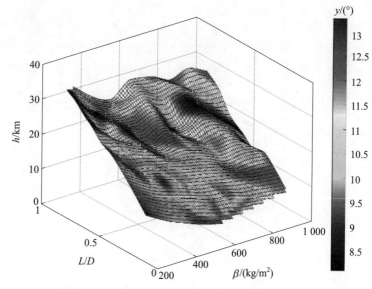

图 6 - 16　最大终端高度、最优进入角变化规律

由图 6 - 16、图 6 - 17 可以看出，对于椭圆轨道进入且采取推力式减速器作为减速装置的载人航天器，随着弹道系数的减小和升阻比的增大，航天器所能达到的最大终端高度变大，最大在 35 km 左右。对比图 6 - 8，最大终端高度与圆轨道进入且采取推力式减速器作为减速装置的情况相似。

综合上述不同任务场景下的轨迹特性分析，可得到以下几点设计参考：

1）随着弹道系数的减小和升阻比的增大，航天器所能达到的最大终端高度增大。为了达到更大的终端高度，期望航天器具有更高的升阻比和更低的弹道系数。

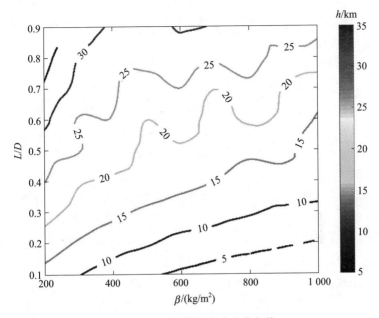

图 6 - 17　最大终端高度变化规律

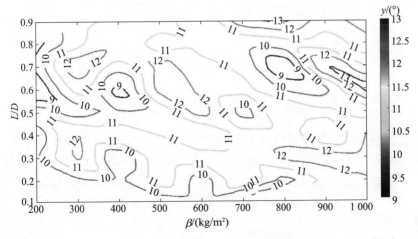

图 6 - 18　最优进入角变化规律

2) 对同一进入方式，采用推力式减速器的航天器比采用充气式减速器的航天器具有更大的终端高度，而采用充气式减速器的航天器又比采用降落伞减速的航天器具有更大的终端高度。

3) 对同一减速装置，不同的进入方式对航天器所能达到的最大终端高度几乎没有影响。

4) 当采用降落伞作为减速装置时，要想使航天器能够顺利开伞，必须使航天器具有较大的升阻比和较小的弹道系数，对于小升阻比和大弹道系数的航天器，无法满足降落伞的开伞条件。

5) 对于采用充气式减速器或推力式减速器作为减速装置的航天器，最大终端高度受升阻比变化的影响更大。因此在该任务场景下设计航天器时，为使终端高度更大，应注重提高航天器的升阻比。

6) 对于载人航天器，由于最大过载的约束变得严苛，必须设计更高的升阻比和更小的弹道系数。由于载人航天器通常具有较大的弹道系数，对于弹道系数 $200\ \mathrm{kg/m^2}$ 左右的航天器，当采用降落伞减速时，要想顺利着陆，升阻比应设计不低于 0.2，对于弹道系数大于 $700\ \mathrm{kg/m^2}$ 的航天器，应尽量采用充气式减速器或推力式减速器，且升阻比应设计不低于 0.3。

7) 当航天器升阻比较小时，为达到更高的终端高度，应采用小的进入角进入，而当升阻比较大时，为具有更大的终端高度，最优进入角增大，同时需注意到当最优进入角增长到一定程度时，随着升阻比进一步增大，最优进入角反而开始减小。分析原因，可能是进入角的增大使航天器能够更多地在大气稠密处进行减速，此时较大的升阻比可以使航天器获得充分减速，却又不直接撞击到地面。但是过载等过程约束限制了进入角使其不能一直增大，因此当到达航天器所能承受的最大约束时，最优进入角反而减小。有些随升阻比增大，最优进入角一直增大的情况，分析原因是在本章所考虑的升阻比的范围内，航天器没有达到所能承受最大的过程约束。

6.3.2　飞行能力与风险评估

采用本章所设计的行星进入轨迹优化方法进行 1 000 余组以最大

飞行航程为性能指标的火星进入轨迹优化仿真。利用得到的仿真结果，能够实现对不同进入场景、不同航天器参数组合下火星进入航天器的飞行能力进行评估。通过数据插值得到不同进入场景下，航天器的升阻比、弹道系数与火星进入最大横程、最小横程以及最大纵程间的对应关系从而表征航天器大气进入飞行的能力。利用评估结果能够分析不同的升阻比、弹道系数以及过程约束对火星进入航天器所能达到的最大航程范围的影响。

　　本节以进入速度 4.7 km/s，进入角 10°，最大过载约束 30 为例，展示航天器火星进入最大航程范围随弹道系数和升阻比的变化关系。其中，图 6-19 为不同升阻比和弹道系数组合的航天器所能达到的最大横程。图 6-20 为不同升阻比和弹道系数组合的航天器所能达到的最大纵程。图 6-21 为不同升阻比和弹道系数组合的航天器所能达到的最小纵程。

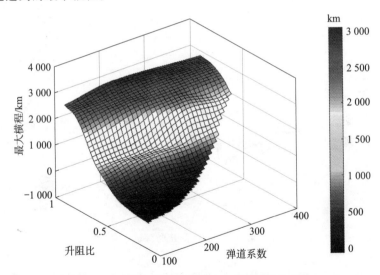

图 6-19　最大横程随升阻比和弹道系数的变化

　　由图 6-19、图 6-20 可知，小弹道系数、高升阻比的航天器能够具有更大的飞行横程和纵程。同时，航天器最大横程、纵程受升

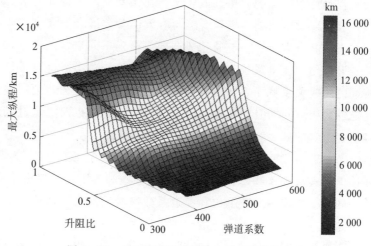

图 6-20　最大纵程随升阻比和弹道系数的变化

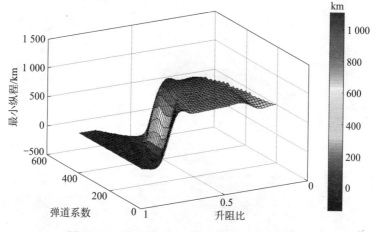

图 6-21　最小纵程随升阻比和弹道系数的变化

阻比变化的影响更大。因此在该任务场景下设计航天器时，为使能够达到的横程、纵程更大，应更加注重提高航天器的升阻比。由图 6-21 可知，对于高升阻比的航天器，最小航程更小，甚至有可能到 0，分析原因可能是高升阻比使航天器具有更大的机动能力，能够在倾侧角的控制下转弯"掉头"向初始进入位置方向飞行。

　　图 6 - 22～图 6 - 24 是以进入速度 4.7 km/s，进入角 15°，弹道系数 200 kg/m²，升阻比 0.3，最大过载约束 30 为例时的进入段可达集结果展示。其中，图 6 - 22 为最大终端高度随不同横纵程的变化关系。图 6 - 23 为着陆区附近的模拟地形。图 6 - 24 为可达集横纵程范围内具有碰撞风险与着陆相对安全的区域划分。

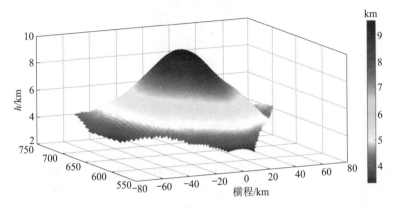

图 6 - 22　最大终端高度随横纵程的变化关系

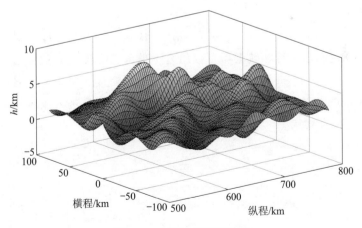

图 6 - 23　可达区模拟地形

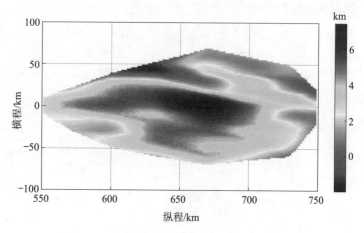

图 6 - 24　横纵程范围内碰撞风险与着陆安全区

　　由图 6 - 22、图 6 - 24 可知，可达集在横纵程平面上投影的中心区域为着陆相对安全的区域，边缘为碰撞高风险区。因此在选取目标着陆区时，应当优先选择可达集在横纵程平面上投影的中心区域。当由于考察价值或其他因素使得目标着陆点已经选定时，应尽可能地调整进入点的位置，使得在目标着陆点附近能够获得更高的终端高度。

　　应用本书提出的行星进入段可达集快速预测模型，能够对给定进入轨迹初始参量和航天器参数组合下航天器所能达到的火星进入可达集最优子集进行高效预测计算，利用预测计算结果能够对航天器火星进入碰撞风险区进行分析，进而对解决火星进入领域相关工程问题提供参考。

参 考 文 献

[1] 徐瑞，徐兴华，赵凡宇. 火星进入、下降与着陆段 GNC 技术的现状与发展 [C]. 深空探测技术专业委员会第九届学术年会，2012.

[2] 于正湜. 火星进入段自主导航方案设计与优化方法研究 [D]. 北京：北京理工大学，2015.

[3] ZHENG Y，CUI H，AI Y. Indirect trajectory optimization for Mars entry with maximum terminal altitude [J]. Journal of Spacecraft and Rockets，2017，54（5）：1068 - 1080.

[4] BRAUN R D，MANNING R M. Mars Exploration Entry，Descent，and Landing Challenges [J]. Journal of Spacecraft and Rockets，2007，44（2）：310 - 323.

[5] BENITO J，MEASE K D. Reachable and Controllable Sets for Planetary Entry and Landing [J]. Journal of Guidance，Control，and Dynamics，2010，33（3）：641 - 654.

[6] 崔平远，赵泽端，朱圣英. 火星大气进入段轨迹优化与制导技术研究进展 [J]. 宇航学报，2019，40（6）：611 - 620.

[7] PRAKASH R，BURKHART P D，CHEN A，et al. Mars Science Laboratory entry，descent，and landing system overview [C] //2008 IEEE Aerospace Conference. IEEE，2008：1 - 18.

[8] 任高峰，崔平远，崔祜涛，等. 一种新型火星定点着陆轨迹快速优化方法 [J]. 宇航学报，2013，34（4）：464 - 472.

[9] 崔平远，胡海静，朱圣英. 火星精确着陆制导问题分析与展望 [J]. 宇航学报，2014，35（3）：245 - 253.

[10] MENDECK G，CARMAN G. Guidance design for mars smart landers using the entry terminal point controller [C] //AIAA Atmospheric Flight Mechanics Conference and Exhibit. 2002：4502.

[11] GRANT M，MENDECK G. Mars science laboratory entry optimization

using particle swarm methodology [C] //AIAA atmospheric flight mechanics conference and exhibit. 2007: 6393.

[12] LI S, PENG Y. Mars entry trajectory optimization using DOC and DCNLP [J]. Advances in Space Research, 2011, 47 (3): 440 - 452.

[13] LU P. Asymptotic analysis of quasi - equilibrium glide in lifting entry flight [J]. Journal of Guidance, Control, and Dynamics, 2006, 29 (3): 662 - 670.

[14] LU P. Entry trajectory optimization with analytical feed - back bank angle law [C] //AIAA Guidance, Navigation and Control Conference and Exhibit. 2008: 7268.

[15] KRIGE D G. A statistical approach to some mine valuation and allied problems on the Witwatersrand: By DG Krige [D]. Johannesburg: University of the Witwatersrand, 1951.

[16] LIU X, ZHU Q, LU H. Modeling multiresponse surfaces for airfoil design with multiple - output - Gaussian - process regression [J]. Journal of Aircraft, 2014, 51 (3): 740 - 747.

[17] CHATI Y S, BALAKRISHNAN H. Modeling of aircraft takeoff weight using gaussian processes [J]. Journal of Air Transportation, 2018, 26 (2): 70 - 79.

[18] SECCO N R, DE MATTOS B S. Artificial neural networks to predict aerodynamic coefficients of transport airplanes [J]. Aircraft Engineering and Aerospace Technology, 2017, 89 (23): 39 - 19.

[19] SHANG H, LIU Y. Assessing accessibility of main - belt asteroids based on Gaussian process regression [J]. Journal of Guidance, Control, and Dynamics, 2017, 40 (5): 1144 - 1154.

[20] JARRET M, LAFLEUR, CHRISTOPHER J CERIMELE. Mars Entry Bank Profile Design for Terminal State Optimization [J]. Journal of spacecraft and rockets, 2011, 48 (6): 1012 - 1024.

[21] GEETHU LISBA JACOB, GEETHU NEELER, R V RAMANAN. Mars Entry Mission Bank Profile Optimization [J]. Journal of guidance, control, and dynamics, 2014, 37 (4): 1305 - 1316.

第 7 章　安全着陆轨迹规划与制导方法

障碍检测与地形安全性评估是在行星表面实现安全着陆的前提，通过特征识别等方法得到的地形信息并不全面，无法完成对着陆安全性的评估[1]。本章针对自主障碍检测与地形评估的难点，提出了基于单帧被动图像星表特征密度统计信息的行星着陆区自主障碍检测与地形评估方法。该方法从地形特征的表征入手，引入特征密度的概念，利用星貌特征密度统计信息对行星表面不同地形特征进行描述，建立基于特征密度统计信息的地形评估准则，实现对行星着陆区危险地形的障碍检测与评估。在获取着陆地形安全分布图的基础上，通过李雅普诺夫势函数法设计安全着陆制导律，并对该方法进行仿真分析[2]。

7.1　着陆地形危险障碍检测方法

着陆地形的危险障碍根据地形特点分为以下 4 类：岩石、陨石坑、陡坡和断层[3]。这些障碍通常会导致着陆器发生倾覆或受困，部分障碍会导致探测器着陆过程中损坏，对探测任务的成败有重要影响。文献[4]提出了影响探测器着陆安全的主要四类地形，下面分别介绍这四类主要地形的检测识别方法。

7.1.1　岩石与陨石坑障碍检测方法

天体表面分布的岩石障碍形状复杂，难以通过模型进行描述，检测方法大多针对岩石在光照下产生的阴影进行识别[4]。这种识别方法的过程是：首先对灰度图像进行阴影分割，方法为最大熵方法[5]，通过阴影分割得到岩石的阴影区域，对阴影区域标记后分析障碍物尺寸，常用的标记方法为聚类分析法[6]。根据光线角度和阴影尺寸还原障碍物尺寸，并在原图标记。图 7-1 为火星表面岩石障碍的检测结果，左图通过最大熵法进行阴影分割后，采用 k 均值聚类方法对阴影区域进行分类，结合光照角度信息，对岩石进行标记，右图为标记结果。可知着陆环境下的大多岩石均准确标记。

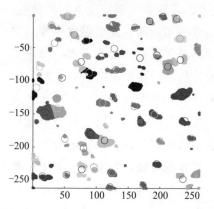

图 7-1   岩石障碍的检测结果

陨石坑形状多成椭圆形，检测方法较多[7]，除本书第 4 章提出的陨石坑检测法外，还包括模板提取法[8]、阴影分割法[9]、边缘拟合法[10]等多种方法。边缘清晰、拍摄角度好的陨石坑图像可以精确标记图像中陨石坑所处的位置[11]，但边缘模糊陨石坑的检测依然是目前检测的难点。

7.1.2   陡坡地形与断层障碍检测方法

陡坡障碍导致探测器发生倾覆并翻滚，对探测器造成损坏。同时陡坡障碍会使探测器的高度计错误测量为水平面，并导致探测器状态估计错误。断层地形一般为悬崖，探测器着陆在断层地形会发生跌落并造成损坏，对大型探测器的影响更加显著。

陡坡和断层障碍主要存在于山峰等地形中，这类障碍不具备易于描述的几何结构，难以直接采用单帧图像进行检测，可利用相机的三角关系或运动状态重构地形进行分析,采用双目视觉或运动估计的方法进行地形重构[12]。尽管重构地形能够获得地形的陡坡数据,但重构地形的水平基准难以确定,陡坡等地形的检测困难,这类方法需要较大的计算量,对运动精度要求高,不易实现[13]。

7.2　基于特征分布统计信息的行星地形安全评估准则

岩石、陨石坑、陡坡和断层障碍在自然光照下均可在视觉成像中形成阴影、纹理等图像特征,通过特征点检测获得各类危险障碍地形的边缘特征,这些特征点来源于地形障碍的边缘,因此其特征密度反映了地形障碍的分布特性。基于此,本书引入特征密度,作为多样地形障碍分布特性的表征方法,障碍检测算法流程图如图 7 -2 所示,通过计算图像单元特征密度的采样数据,构建非齐次泊松过程点密度估计模型,获得图像平面特征密度因子,并提出基于特征密度因子的地形评估准则。

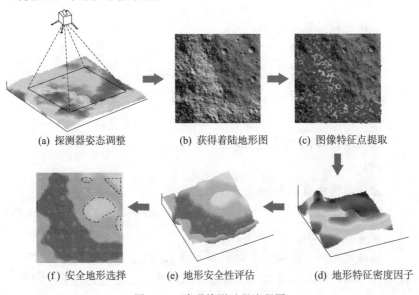

(a) 探测器姿态调整　　　(b) 获得着陆地形图　　　(c) 图像特征点提取

(f) 安全地形选择　　　(e) 地形安全性评估　　　(d) 地形特征密度因子

图 7 - 2　障碍检测过程流程图

7.2.1　特征密度的统计信息计算

特征密度的统计信息利用特征点的密度统计表示，特征点密度的计算看作对已有的空间平面点分布的估计方法[14]，采用非参数统计估计方法来近似。一般平面点满足某种随机分布，多数描述空间随机分布规律的方法基于对点密度的统计。对总体分布的规律无法准确描述时，采用非参数化的方法更合理地描述空间点的分布。核密度估计法是能够准确描述点密度分布的非参数估计法。核密度估计法的原理为

$$\hat{p}(x) = \frac{1}{n} \sum_{i=1}^{n} \frac{1}{h} K\left(\frac{x - x_i}{h}\right) \qquad (7-1)$$

其中，n 为空间点的个数，h 为频宽，$K(\cdot)$ 为核函数，$\hat{p}(x)$ 为任一点 x 处的总体密度估计的概率密度估计结果，为了保证概率密度估计的合理性，要保证其积分结果为1，要求核函数满足 $K(x) \geqslant 0$，$\int K(x)\mathrm{d}x = 1$。

常用的核函数[15]包括：

（1）多项式型[16]

四次核函数：$0.4(1-u^2)$，均匀核函数：0.5（常数值，与输入点无关），三权核函数：$35/32\,(1-u^2)^3$。

（2）高斯型[17]

高斯核函数：$1/\sqrt{2\pi}\exp(-0.5u^2)$。

（3）余弦型[18]

余弦型核函数：$\pi/4\cos(\pi u/2)$。

以随机点分布作为样例，采用高斯核函数在 $h=3$、5、8 的条件下的叠加效果如图 $7-3$ 所示。

核函数对于不同类型的问题有不同的适应结果，对密度的描述结果也不同，对着陆过程光学图像检测得到的特征点密度估计问题，采用高斯型核函数描述效果较好。

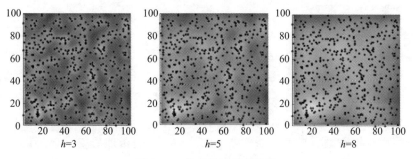

图 7 - 3　密度估计示意结果

由于密度估计的结果为对频宽 h 的参数函数,频宽的大小对结果有很大影响,因此,可以将密度估计结果考虑为以 h 为参数的概率函数,即

$$\hat{p}(x) = \hat{p}(x, h) \qquad (7-2)$$

对于图像特定的某点 x,将密度估计结果考虑为 x 为参数的密度函数,通过调整 h 获得合适的密度估计结果,选择多组 h 作为密度估计的统计信息。令 E、D 分别为图像平面内特征密度估计结果的均值和方差,通过图像特征密度估计结果对着陆区地形进行安全性分析。

7.2.2　基于特征密度因子的地形安全评估准则

通过图像平面特征点分布情况,利用图像平面内特征密度估计的均值和方差,建立基于特征密度因子 (E, D) 的地形安全分数计算准则,为着陆区地形安全性分析提供判别依据。

为克服二值逻辑取值单一的缺点,采用如式(7 - 3)所示的模糊规则,基于图像平面内特征密度因子 (E, D) 进行模糊推理得出地形安全程度。

$$\text{IF } A \text{ AND } B, \text{ THEN } C \qquad (7-3)$$

条件 A 和 B 为模糊集合变量,由特征密度因子 (E, D) 大小划分的程度确定;AND 为模糊算子;决策 C 为模糊输出变量,即着陆地形安全程度。

计算条件 A 和 B 的隶属度函数并根据模糊规则即可算出决策 C 的值。对均值 E 建立的模糊逻辑的输入集合为 $A = \{S_E, M_E, L_E\}$，分别代表均值结果由小到大的三种情况，即 Small、Medium、Large。方差 D 的模糊逻辑输入集合为 $B = \{S_D, M_D, L_D\}$，同样表示为 Small、Medium、Large 三种情况。模糊逻辑输出决策 $C = \{P, L, M, H\}$，表示地形安全程度由低到高的四种情况，分别对应 Poor、Low、Medium、High。模糊变量的隶属度函数[19]均为钟形函数且输入变量的值和输出变量的值均归一化为 $[0, 1]$ 的区间。隶属度函数的表达式见式（7-4），不同模糊集合中的模糊变量 α，参数 r、s、t 的取值不同。

$$h(\alpha) = \frac{1}{1 + \left(\dfrac{\alpha - t}{r}\right)^{2s}} \tag{7-4}$$

模糊规则如图 7-4 所示，模糊算子为 AND 算子，具体示例为

$$IF\ A\ is\ S_E\ AND\ B\ is\ S_D, THEN\ C\ is\ H \tag{7-5}$$

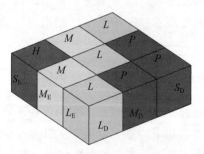

图 7-4　模糊规则定义示意图

对图 7-4 获取的模糊集合 C 采用 centroid 方法[20]进行去模糊化处理，得出基于特征密度因子 (E, D) 的地形安全程度 $F(E, D)$ 的输出结果为

$$F(E,D) = \frac{\sum\limits_{i=1}^{4} m_i I_i}{\sum\limits_{i=1}^{4} I_i} \qquad (7-6)$$

其中，$F(E,D)$ 表示图像平面内任一像素点处的地形安全程度的大小，m_i 为模糊规则计算得出 $F(E,D)$ 模糊集合隶属度函数的最大值，I_i 为削峰后隶属度函数在 [0，1] 区间上的积分面积。

定义图像平面内任一像素点处的地形安全分数为 J_s，其计算见式（7-7）

$$J_s = \frac{F(E,D) - F_{\min}}{F_{\max} - F_{\min}} \qquad (7-7)$$

其中，$F_{\max}$ 和 $F_{\min}$ 为图像中全部像素点处地形安全程度 $F(E,D)$ 输出值的最大值和最小值。

7.3　基于李雅普诺夫函数的着陆轨迹设计

7.3.1　势函数轨迹设计方法

根据李雅普诺夫稳定性[21] 判别的要求，定义如下形式的势函数[22]

$$V(s) = V_p(s) + V_d(s) \qquad (7-8)$$

其中 $V(s)$ 为状态 $s = (r^T \quad v^T)^T$ 的势函数，$V_p(s)$ 为与着陆点相关的势函数，$V_d(s)$ 为与着陆地形安全性相关的势函数。对一个正定函数 $q(s)$ 使得式（7-9）满足，则确保势函数 $V(s)$ 的导数恒小于 0，使系统趋向于稳定并最终收敛至状态为 0 的点。

$$\frac{\mathrm{d}V(s)}{\mathrm{d}t} + q(s) = 0 \qquad (7-9)$$

通过着陆安全地形图寻找并确定着陆点在着陆坐标系下的坐标 r_f 为 $r_f = (r_{fx} \quad r_{fy} \quad r_{fz})^T$，则定义 $V_p(s)$ 为

$$V_p(s) = (r - r_f \quad v - v_f) \begin{pmatrix} p_r & 0 \\ 0 & p_v \end{pmatrix} \begin{pmatrix} r - r_f \\ v - v_f \end{pmatrix} \qquad (7-10)$$

p_r 和 p_v 为调节终端条件权重的系数，可确定着陆终端状态要求在控制中的比重，v_f 为终端时刻的速度，可选择为 $v_f = (0 \quad 0 \quad v_{zf})^{\mathrm{T}}$，即水平终端速度为 0，垂直速度为一个满足着陆冲击要求的终止速度 v_{zf}。

定义恒正函数 $q(s)$

$$q(s) = \begin{pmatrix} v_x - v_{xf} \\ v_y - v_{yf} \\ v_z - v_{zf} \end{pmatrix}^{\mathrm{T}} \begin{pmatrix} k_x & & \\ & k_y & \\ & & k_z \end{pmatrix} \begin{pmatrix} v_x - v_{xf} \\ v_y - v_{yf} \\ v_z - v_{zf} \end{pmatrix} \qquad (7-11)$$

式（7-11）中 k 可以作为比例反馈系数，影响系统的调节时间与振荡幅度。根据着陆环境建立着陆动力学方程为

$$\dot{s} = \begin{pmatrix} \dot{r} \\ \dot{v} \end{pmatrix} = \begin{pmatrix} v \\ U \end{pmatrix} + \begin{pmatrix} 0 \\ F \end{pmatrix} \qquad (7-12)$$

U 为行星引力场分量，以火星着陆探测最终下降段的着陆环境为例，表示为 $U = (0 \quad 0 \quad -g)^{\mathrm{T}}$，其中 $g = 4.32\ \mathrm{kg \cdot m/s^2}$。$F$ 为控制执行机构的控制力，综合式（7-8）和式（7-9）可得

$$\begin{cases} p_{rx}(r_x - r_{fx})v_x + p_{vx}(v_x - v_{fx})(U_x + F_x) + \dfrac{\partial V_d(s)}{\partial r_x}\dfrac{v_x}{2} + \dfrac{k_x(v_x - v_{xf})^2}{2} = 0 \\[3mm] p_{ry}(r_y - r_{fy})v_y + p_{vy}(v_y - v_{fy})(U_y + F_y) + \dfrac{\partial V_d(s)}{\partial r_y}\dfrac{v_y}{2} + \dfrac{k_y(v_y - v_{yf})^2}{2} = 0 \\[3mm] p_{rz}(r_z - r_{fz})v_z + p_{vz}(v_z - v_{fz})(U_z + F_z) + \dfrac{\partial V_d(s)}{\partial r_z}\dfrac{v_z}{2} + \dfrac{k_z(v_z - v_{zf})^2}{2} = 0 \end{cases}$$

$$(7-13)$$

根据式（7-13）可知，各个方向上的控制是可以解耦的，由于地形安全势函数仅和探测器位置有关，即 $V_d(s)$ 对速度的导数为 0，将终端条件代入式（7-13）并简化得到

$$
\begin{cases}
p_{rx}\left(r_x - r_{fx}\right) + p_{vx}F_x + \dfrac{1}{2}\dfrac{\partial V_d\left(s\right)}{\partial r_x} + \dfrac{k_x v_x}{2} = 0 \\[3mm]
p_{ry}\left(r_y - r_{fy}\right) + p_{vy}F_y + \dfrac{1}{2}\dfrac{\partial V_d\left(s\right)}{\partial r_y} + \dfrac{k_y v_y}{2} = 0 \\[3mm]
p_{rz}\left(r_z - r_{fz}\right)v_z + p_{vz}\left(v_z - v_{fz}\right)\left(F_z - g\right) + \dfrac{v_z}{2}\dfrac{\partial V_d\left(s\right)}{\partial r_z} + \dfrac{k_z\left(v_z - v_{zf}\right)^2}{2} = 0
\end{cases}
$$

$$(7-14)$$

解出控制力为

$$
\begin{cases}
F_x = -\dfrac{p_{rx}}{p_{vx}}\left(r_x - r_{fx}\right) - \dfrac{1}{2p_{vx}}\dfrac{\partial V_d\left(s\right)}{\partial r_x} - \dfrac{k_x v_x}{2p_{vx}} \\[3mm]
F_y = -\dfrac{p_{ry}}{p_{vy}}\left(r_y - r_{fy}\right) - \dfrac{1}{2p_{vy}}\dfrac{\partial V_d\left(s\right)}{\partial r_y} - \dfrac{k_y v_y}{2p_{vy}} \\[3mm]
F_z = g - \dfrac{k_z\left(v_z - v_{fz}\right)}{2p_{vz}} - \dfrac{p_{rz}\left(r_z - r_{fz}\right)v_z}{p_{vz}\left(v_z - v_{fz}\right)}
\end{cases}
\qquad (7-15)
$$

要求着陆危险性势函数 $V_d\left(s\right)$ 对位置 r 具有一阶连续偏导数，不能仅靠着陆地形安全图作为危险性势函数。下面讨论如何获得着陆危险性势函数。

7.3.2　着陆地形危险性函数

根据式（7-7）计算得出的图像点 $u^*\left(u_x^*，u_y^*\right)$ 处的地形危险程度为 J_s，因着陆过程探测器姿态大多为水平状态，假设着陆平面与成像平面之间满足如图 7-5 所示的三角关系。得到 u^* 对应地形点在着陆坐标系下的坐标为

$$
\begin{pmatrix} p_x^{(l)} \\ p_y^{(l)} \end{pmatrix} = \dfrac{r_z}{f_c}\begin{pmatrix} u_y^* \\ u_x^* \end{pmatrix} + \begin{pmatrix} r_x \\ r_y \end{pmatrix}
\qquad (7-16)
$$

则可以得到着陆平面内离散点 $P_i^{(l)}$ 处的地形危险性大小，由于地形危险大小的变化过程类似地质领域趋势面的变化过程，因此这里采用趋势面最小二乘近似方法来近似着陆地形安全性势函数。

定义 5 维多项式函数为着陆地形的势函数趋势面，即

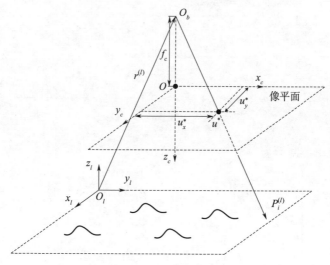

图 7-5　坐标变换示意图

$$\hat{J} = \sum_{j=0}^{5} \sum_{k=0}^{5-j} a_{jk} r_x^j r_y^k + C_0 \qquad (7-17)$$

其中 C_0 为多项式曲面在着陆平面的最小值的绝对值，该项能够确保趋势面函数恒正并满足李雅普诺夫函数定义，定义误差偏差 Q 为

$$Q = \sum_{i=1}^{n} (J - \hat{J})^2 \qquad (7-18)$$

式（7-18）中 n 表示地形安全图中点的个数，令

$$x_1 = r_x, x_2 = r_y, x_3 = r_x^2, x_4 = r_x r_y, x_5 = r_y^2, \cdots, x_{20} = r_y^5$$
$$(7-19)$$

则对偏差求取偏导数可以得到正规方程组为

$$\boldsymbol{X}^{\mathrm{T}} \boldsymbol{X} \boldsymbol{A} = \boldsymbol{X}^{\mathrm{T}} \hat{\boldsymbol{J}} \qquad (7-20)$$

$$\boldsymbol{X} = \begin{pmatrix} 1 & 1 & \cdots & 1 \\ x_{11} & x_{12} & \cdots & x_{1n} \\ \vdots & \vdots & \ddots & \vdots \\ y_{20,1}^5 & y_{20,2}^5 & \cdots & y_{20,n}^5 \end{pmatrix}, \boldsymbol{A} = \begin{pmatrix} a_0 \\ a_1 \\ \vdots \\ a_{20} \end{pmatrix}, \hat{\boldsymbol{J}} = \begin{pmatrix} J_1 \\ J_2 \\ \vdots \\ J_n \end{pmatrix} \quad (7-21)$$

多项式系数向量 $\boldsymbol{A}$ 为

$$\boldsymbol{A} = (\boldsymbol{X}^{\mathrm{T}} \boldsymbol{X})^{-1} \boldsymbol{X}^{\mathrm{T}} \hat{\boldsymbol{J}} \quad (7-22)$$

定义地形危险性势函数为

$$\begin{cases} V_d(\boldsymbol{s}) = \sum_{j=0}^{5} \sum_{k=0}^{5-j} a_{jk} r_x^j r_y^k \\ \dfrac{\partial V_d(\boldsymbol{s})}{\partial r_x} = \sum_{j=0}^{5} \sum_{k=0}^{5-j} j a_{jk} r_x^{j-1} r_y^k \\ \dfrac{\partial V_d(\boldsymbol{s})}{\partial r_y} = \sum_{j=0}^{5} \sum_{k=0}^{5-j} k a_{jk} r_x^j r_y^{k-1} \end{cases} \quad (7-23)$$

将式（7-23）代入式（7-15）即可得控制加速度的表达式为

$$\begin{cases} F_x = -\dfrac{p_{rx}}{p_{vx}}(r_x - r_{fx}) - \dfrac{1}{2p_{vx}}\left(\sum_{j=1}^{5}\sum_{k=j}^{5} j a_{jk} r_x^{j-1} r_y^k\right) - \dfrac{k_x v_x}{2p_{vx}} \\ F_y = -\dfrac{p_{ry}}{p_{vy}}(r_y - r_{fy}) - \dfrac{1}{2p_{vy}}\left(\sum_{j=1}^{5}\sum_{k=j}^{5} k a_{jk} r_x^j r_y^{k-1}\right) - \dfrac{k_y v_y}{2p_{vy}} \\ F_z = g - \dfrac{k_z v_z^2}{2p_{vz}(v_z - v_{fz})} - \dfrac{p_{rz}(r_z - r_{fz})v_z}{p_{vz}(v_z - v_{fz})} \end{cases}$$

$$(7-24)$$

参 考 文 献

[1] MAHMOOD WAQAS, SYED MUSADDIQ ALI SHAH. Vision based hazard detection and obstacle avoidance for planetary landing [C]. 2009 2nd International Workshop on Nonlinear Dynamics and Synchronization. IEEE, 2009.

[2] GAO A, ZHOU S. Feature Density Based Terrain Hazard Detection for Planetary Landing [J]. IEEE Transactions on Aerospace and Electronic Systems, 2018, 54 (5): 2411 - 2420.

[3] JIANG XIUQIANG, SHUANG LI, TING TAO. Innovative hazard detection and avoidance strategy for autonomous safe planetary landing [J]. Acta Astronautica, 2016, 126: 66 - 76.

[4] HUERTAS A, CHENG Y, MADISON R. Passive imaging based multi - cue hazard detection for spacecraft safe landing [C]. Aerospace Conference, 2006 IEEE. Big Sky, MT: Institute of Electrical and Electronics Engineers (IEEE), 2006: 14.

[5] GULL S F, SKILLING J. Maximum entropy method in image processing [J]. Communications Radar & Signal Processing Iee Proceedings F, 1984, 131 (6): 646 - 659.

[6] MILLIGAN GLENN W, MARTHA C COOPER. Methodology review: Clustering methods [J]. Applied psychological measurement, 1987, 11 (4): 329 - 354.

[7] KAMARUDIN N D, GHANI K A, MUSTAPHA M, et al. An Overview of Crater Analyses, Tests and Various Methods of Crater Detection Algorithm [J]. Frontiers in Environmental Engineering, 2012, 1 (1): 1 - 7.

[8] BANDEIRA L, SARAIVA J, PINA P. Impact crater recognition on Mars based on a probability volume created by template matching [J].

　　IEEE Transactions on Geoscience and Remote Sensing，2007，45（12）：
4008 - 4015.

[9]　T F STEPINSKI，M MENDENHALL，B BUE. Robust automated identification of Martian impact craters [C]. Lunar and Planetary Institute Science Conference，Abst. # 1338.

[10]　J P Cohen，W Ding. Crater detection via genetic search methods to reduce image features [J]. Adv Space Res，2014，53（12）：1768 - 1782.

[11]　WANG YIRAN，BO WU. Active machine learning approach for crater detection from planetary imagery and digital elevation models [J]. IEEE Transactions on Geoscience and Remote Sensing，2019，57（8）：5777 - 5789.

[12]　L M FEETHAM，N AOUF，C BOURDARIAS，et al. Single camera absolute motion based digital elevation mapping for a next generation planetary lander [J]. Acta Astronautica，2014，98（1）：169 - 188.

[13]　L MATTHIES，et al. Stereo vision and shadow analysis for landing hazard detection [C]. Robotics and Automation，2008. ICRA 2008. IEEE International Conference on IEEE，2008：2735 - 2742.

[14]　WU HONGZHI，JULIE DORSEY，HOLLY RUSHMEIER. Characteristic point maps [J]. Computer Graphics Forum，2009，28（4）.

[15]　BAUDAT G，F ANOUAR. Kernel - based methods and function approximation [C] // International Joint Conference on Neural Networks. IEEE，2002.

[16]　WEISSE，ALEXANDER，et al. The kernel polynomial method [J]. Reviews of modern physics，2006，78（1）：275.

[17]　KEERTHI S SATHIYA，CHIH - JEN LIN. Asymptotic behaviors of support vector machines with Gaussian kernel [J]. Neural computation，2003，15（7）：1667 - 1689.

[18]　LIU QINGSHAN，HANQING LU，SONGDE MA. Improving kernel Fisher discriminant analysis for face recognition [J]. IEEE transactions on circuits and systems for video technology，2004，14（1）：42 - 49.

[19]　ÖZDEMIR DOĞAN，LALE AKARUN. A fuzzy algorithm for color quantization of images [J]. Pattern Recognition，2002，35（8）：

1785 - 1791.

[20]　　HUNG WEN - LIANG，JONG - WUU WU. Correlation of intuitionistic fuzzy sets by centroid method [J]. Information sciences，2002，144（1 - 4）：219 - 225.

[21]　　KHALIL，HASSAN K. Lyapunov stability [J]. Control Systems，Robotics and AutomatioN - Volume XII：Nonlinear，Distributed，and Time Delay Systems - I，2009：115.

[22]　　HUANG WESLEY H，et al. Visual navigation and obstacle avoidance using a steering potential function [J]. Robotics and Autonomous Systems，2006，54（4）：288 - 299.

第 8 章 着陆导航制导综合仿真实验

行星着陆环境复杂，导航制导控制系统是决定探测器能否成功着陆的关键[1]，前面几章对着陆过程导航系统起到关键作用的地形特征检测提取方法进行了研究，通过对匹配路标特征信息设计自主导航算法，实现探测器的精确位姿测量，根据地形图像的特征点密度的统计计算，对着陆地形的安全性进行分析，提出着陆地形的安全性判定方法。根据着陆地形的安全性，设计基于势函数的着陆制导律。本章以火星着陆探测为背景，对行星软着陆过程的导航制导方法进行仿真分析，并结合着陆过程的不同阶段与外界条件，设计综合导航制导与控制程序。

8.1 仿真实验设计

本书采用的导航观测器件为惯性元件与相机的组合，相机的成像环境受高度、角度等因素影响，不能在整个着陆阶段采用统一的导航算法[2]。另一方面，着陆过程中的导航制导方法需要考虑控制执行机构的可实现性，基于以上考虑本书所采用的导航制导控制系统的任务流程图如图 8-1 所示。

目前深空探测任务中携带雷达高度计或激光高度计作为探测器高度估计的仪器，将着陆过程的高度作为区分探测器着陆过程不同状态的依据。着陆过程分为以下几个阶段[3]：

1) 高度大于 1 500 m：该阶段探测器处在伞降段末期，探测器姿态基本消除受伞降过程产生的振动并稳定，此时通过与轨道器通信和高度计测量高度，预估着陆点地区的经纬度，为脱伞着陆做准备。

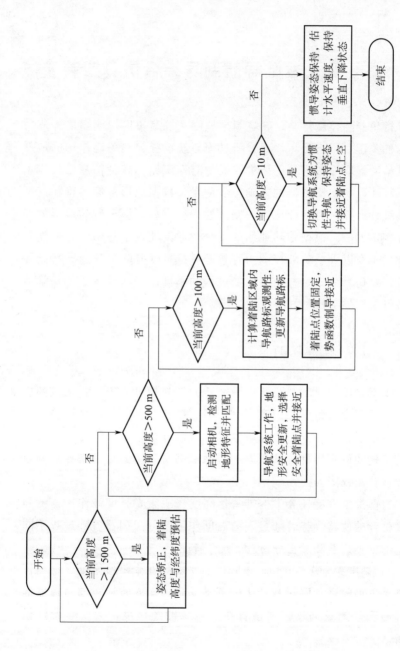

图 8 - 1　着陆导制导与控制系统流程图

2）高度小于 1 500 m 并大于 500 m：该阶段探测器基本分离降落伞，并进入动力下降过程，此时光学导航系统工作，根据相机拍摄的地形图像，对地形特征进行识别和标记，与着陆地形数据库匹配，建立着陆导航坐标系，确定探测器位姿信息。通过地形图像，进行着陆地形安全性评估，选择合适的安全着陆点并动态更新。

3）高度小于 500 m 并大于 100 m：该阶段导航路标受相机视场影响，导航可观性降低，因此需要对导航地形数据库进行更新，选择新的合适的导航路标，以路标构型接近正三角形为准。此时基于相机图像着陆点更新方法受图像成像条件影响，不适合动态更新，着陆点位置固定，采用势函数制导方式接近着陆点。

4）高度小于 100 m 并大于 10 m：该阶段相机图像受环境影响较大，不宜作为导航观测设备，此时选择惯性导航作为最终段导航，着陆器向着陆点上方空域接近并悬停。

5）高度小于 10 m：在此高度上探测器采用惯性导航、缓慢匀速垂直下降，保持速度为允许冲击的最小速度。

基于以上的任务设计方案，本书以火星着陆探测为背景，在 MATLAB 下搭建仿真实验模型并验证。

8.2 实验环境的搭建

仿真实验在 MATLAB 的 simulink 仿真平台中实现。仿真实验平台包括以下几个部分：着陆环境与动力学模块、光学传感器测量模块、惯性传感器测量模块、导航滤波算法模块、障碍检测与评估模块、制导与控制模块和执行机构模块。系统框图如图 8 - 2 所示。

惯性传感器测量模型采用直接测量方式，在真实值基础上加入噪声与常值偏差。传感器的图像通过与基于 C♯ 环境编写的 OpenGL 程序接口实现地形图像采集功能。考虑相机视界因素，着陆过程中

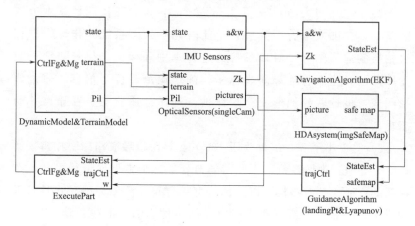

图 8-2　仿真实验系统框图

对姿态不变。基于 C♯编写的地形图像模拟程序界面如图 8-3 所示，界面中形成的地形为平地地形与陨石坑叠加后的地形，仿真试验程序提高地形的起伏程度以体现着陆仿真的真实感。MATLAB 为增加计算效率，仿真过程不添加界面显示，图像直接进入仿真程序。

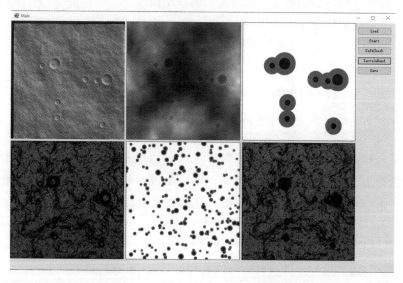

图 8-3　C♯地形仿真实验程序界面

8.3　综合仿真实验分析

　　着陆环境的动力学模型不考虑着陆过程中火星自转和大气环境的影响，将探测器考虑为刚体，探测器及相机相关参数及仿真初始条件见表 8-1。

表 8-1　仿真实验参数

参数设计	仿真参数	参考值
质量	1 300 kg	1 590 kg(MSL)
惯性张量	$\begin{pmatrix} 600 & 0 & 0 \\ 0 & 600 & 0 \\ 0 & 0 & 600 \end{pmatrix}$ kg·m²	$\begin{pmatrix} 744 & 0 & -4 \\ 0 & 521 & 5 \\ -4 & 5 & 533 \end{pmatrix}$ kg·m²
初始高度	1.2 km	1.68 km(MSL)
初始速度	80 m/s	78.6 m/s(MSL)
初始姿态	$q = [0.999\ 5; 0.026\ 0; 0.017\ 7; 0.008\ 3]$	无
相机视场角	30°	12°~60°
相机焦距	50 mm	12~60 mm
相机分辨率	256×256	256×256

　　在考虑避障的条件下得到的探测器着陆轨迹见表 8-2，着陆过程总耗时 229 s，图 8-4 为着陆过程的轨迹曲线与视线测量导航系统工作过程中的误差曲线，可知探测器在着陆开始由于速度较快，误差较大，在 80 s 后误差逐渐变小，从轨迹图可知，探测器经过快速下降后寻找安全区域，最终在地形图中相对平缓的凹地降落。

表 8-2　考虑避障条件下的着陆过程仿真结果

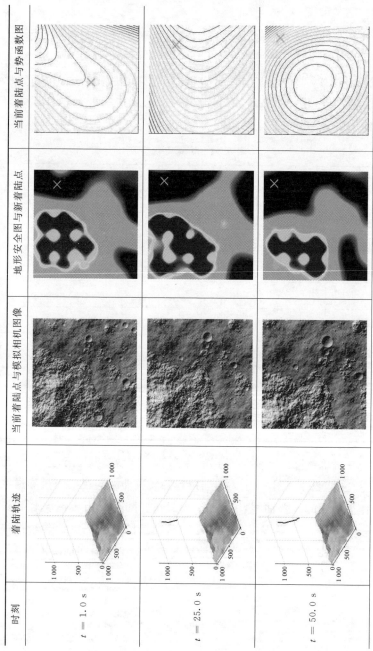

时刻	着陆轨迹	当前着陆点与模拟相机图像	地形安全图与新着陆点	当前着陆点与势函数图
$t = 1.0$ s				
$t = 25.0$ s				
$t = 50.0$ s				

续表

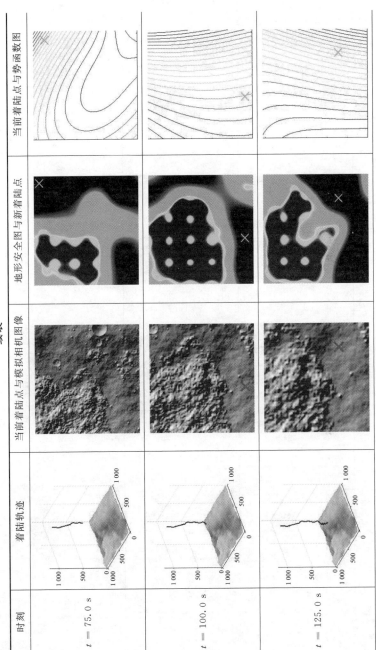

续表

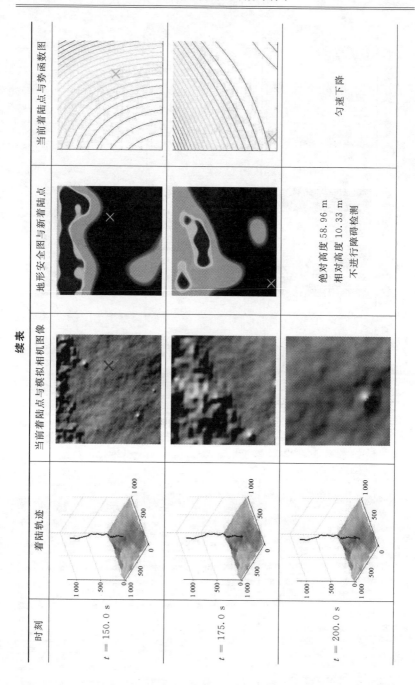

时刻	着陆轨迹	当前着陆点与模拟相机图像	地形安全图与新着陆点	当前着陆点与势函数图
$t = 150.0\ s$			绝对高度 58.96 m 相对高度 10.33 m 不进行障碍检测	匀速下降
$t = 175.0\ s$				
$t = 200.0\ s$				

续表

时刻	着陆轨迹	当前着陆点与模拟相机图像	地形安全图与新着陆点	当前着陆点与势函数图
$t = 215.0\text{ s}$			绝对高度 34.85 m 相对高度 2.55 m 不进行障碍检测	匀速下降

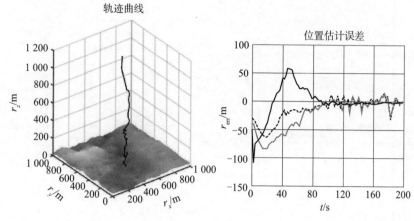

图 8 - 4　着陆轨迹曲线

　　根据着陆时间选择 10 幅着陆时相机拍摄的图像进行表示见表 8 - 2，可知探测器在选择着陆点之后逐渐向其靠拢，在后期固定着陆点并接近，着陆最后阶段探测器切换导航方式为惯性导航，并以 0.5 m/s 的速度接近着陆点，最终着陆。仿真实验表明该方案满足行星着陆导航制导与控制的要求。

　　仿真过程中，图像无法准确显示地形特征，因此在相对地形高度 10 m，着陆时间约为 200 s 时选择为惯性导航，同时切换控制方法为姿态保持与速度保持，消除水平速度并以 0.5 m/s 的速度匀速降落至行星表面。

8. 3. 1　路标模型精度对导航精度的影响

　　着陆路标在天体固连坐标系下的位置是通过前期天文观测、轨道器观测数据建立的数据库模型，路标位置存在一定的建模偏差。对本位对路标位置的精度对导航估计误差的影响进行分析，设计着陆轨迹为多项式着陆轨迹，着陆点与滤波估计初值固定，着陆路标数选择为 3，分布为正三角形。导航路标的偏差量记为 r_{noise} ，着陆过程状态估计的均方根记为 $RMSE_s$ ，可以同时考量滤波器的收敛速度与精度。如图 8-5 所示，在着陆坐标系下的导航路标坐标的三个方向均增加初值偏差会明显降低着陆过程的导航精度。由于导航观测方程与路标坐标有直接关系，因此应提高前期观测建立的导航路标的模型精度。

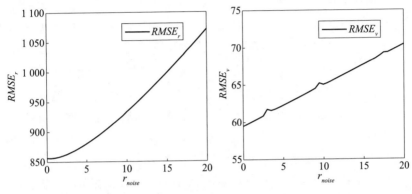

图 8-5　路标偏差对滤波估计精度的影响

分别对路标坐标方向增加偏差，得到的结果如图 8-6 所示。可知在增加路标模型偏差后，z 方向偏差对位置的导航精度的影响明显小于 x 和 y 方向。从速度的误差和可知，增加 z 方向的路标偏差时速度估计偏差与 x 和 y 方向上的偏差区别不大，且总体变化范围较小。这表明对路标建模过程中应优先保证路标的水平方向的测量精度。

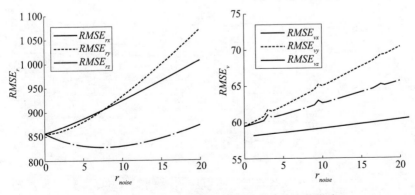

图 8-6　路标单一方向偏差对滤波估计精度的影响

8.3.2　状态初值偏差对导航精度的影响

对于导航系统，系统状态估计的初值与真实值越接近，则导航误差收敛就越快。因此导航系统初值应尽可能准确，但由于最终下降段导航系统初值来自于上阶段导航系统的估计结果，因此不能保证当前阶段导航初值的准确性[4]。由于星载计算资源有限，无法对全部状态的初值进行修正。因此本书通过对影响导航性能的状态初值偏差进行分析，确定不同状态初值偏差对导航系统精度的影响。

首先对探测器的姿态角估计偏差进行分析，受地形几何约束条件影响，实际飞行中姿态角不应过大，过大的姿态角会使相机的视界受到影响，导航地形路标飞出相机视场，因此，主要对小角度范围内的姿态角变化进行分析。图 8-7 所示为 zyx 旋转顺序下姿态角偏差对位移和速度估计精度的影响，$angle_{ini_{err}}$ 为姿态角绕坐标轴的旋转角度偏差，可知虽然姿态角的估计初值偏差最大达到 $20°$，但对位移和速度的估计误差变化却很小，基本不受姿态估计初值的影响，这表明导航系统对姿态初值不敏感。

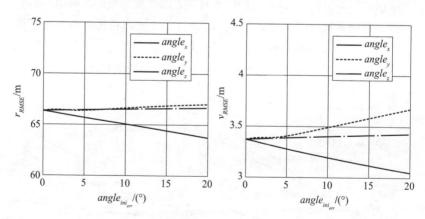

图 8-7　姿态角初值偏差对位移和速度估计精度的影响

图 8-8 为位移与速度的状态估计偏差均方根与位置初值偏差的变化过程曲线，位置初值的偏差变化从 0 m 增加至 200 m，可知 z

方向上的初值估计偏差对状态估计影响高于 x 和 y 方向，即状态估计的结果对纵向的位移初值更加敏感，这一点在速度估计的偏差上体现得更加明显。

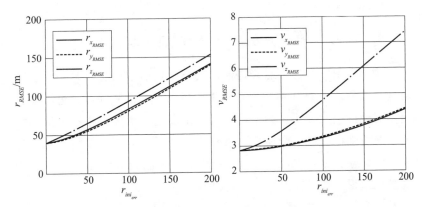

图 8-8　位移与速度的状态估计偏差均方根与位置初值偏差的变化过程曲线

图 8-9 为位移与速度偏差均方根随速度初值偏差的变化曲线，从图中可以看出随着速度初值偏差的增大，z 方向位移的估计偏差均方根增长速度明显高于 x 和 y 方向，而对速度本身的估计偏差则无明显的方向区别，这表明纵向方向的速度估计初值对 z 方向位移状态的估计有很大影响。

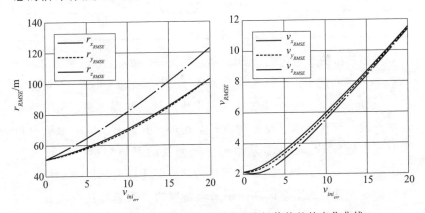

图 8-9　位移与速度偏差均方根随速度初值偏差的变化曲线

综合以上分析，可知着陆状态初值中纵向的位移与速度估计初值对整个导航系统的估计精度有较为明显的影响，因此在最终下降段的着陆导航系统的初值估计中应尽可能增加对纵向位移与速度的测量，提高导航系统的精度。

8.3.3　不同地形环境下势函数制导可靠性分析

势函数制导适合考虑着陆地形安全性的着陆轨迹设计[5]，着陆轨迹与最终着陆点在不同地形环境中的安全程度不同，通过第 3 章提出的地形生成方法，为了进一步验证安全地形障碍检测方法的性能，对着陆地形的安全地形与着陆点选择设计蒙特卡罗仿真法。生成 1 000 组不同类型的随机地形，地形生成的参数见表 8 - 3，生成的随机地形图选择其中的 100 幅如图 8 - 10 所示。

表 8 - 3　随机地形生成参数

参数变化范围	最小值	平均值	最大值
危险区域面积占比	39.6%	60%	79.8%
陨石坑尺寸	20 m	50 m	80 m
岩石尺寸	3 m	5 m	7 m
山脉面积占比	37.5%	50%	62.5%
光线角度	15°	45°	75°

模拟拍摄的参考焦距为 50 mm，视场范围 60°，分辨率为 256 × 256 pixel 。考虑不同成像条件，光照与水平面夹角变化从 15° 增加到 75°，方向随机，山脉生成算法与地形生成算法相同，通过调节地形起伏程度，与基础地形叠加形成复杂地形，并通过生成的山脉面积控制地形的形态。生成着陆地形后探测器的着陆初始位置为 $r_x = 500, r_y = 500, r_z = 1\,200$ ，在同样的高度下选择安全着陆区域。

设定探测器的安全标准为距离陨石坑边界及岩石边界均在 4 m 以上，陡坡倾斜角度小于 15° 为安全。记 A_{danger} 表示模拟地形中的实

图 8-10 100 幅随机地形生成结果

际危险区域，$A_{detection}$ 表示通过障碍检测方法提取得到的危险区域，$\bigcap$ 符号表示取两者重叠区域，$S(\cdot)$ 表示计算区域面积，算法准确性程度 R 为

$$R = \frac{S(A_{detection} \bigcap A_{danger})}{S(A_{danger})}$$

图 8-11 为算法准确性程度 R 的统计结果，其中准确程度最高为 94.49%，最低为 54.99%，平均准确程度为 77.6%，正确率在 75%～95% 的仿真占总数的 85.5%。可以看出本书的障碍检测方法对地形的适应性良好，有较高的识别正确率。

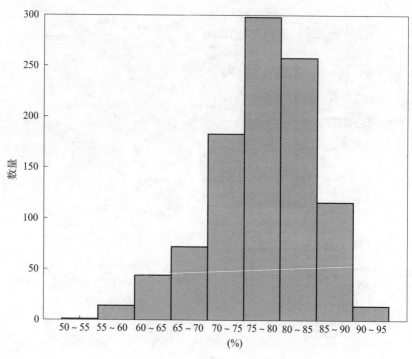

图 8 - 11   算法准确性程度

参 考 文 献

[1] STEINFELDT B A, GRANT M J, MATZ D A, et al. Guidance, navigation, and control system performance trades for Mars pinpoint landing [J]. Journal of Spacecraft and Rockets, 2010, 47 (1): 188 – 198.

[2] LI S, CUI P, CUI H. Vision – aided inertial navigation for pinpoint planetary landing [J]. Aerospace Science and Technology, 2007, 11 (6): 499 – 506.

[3] BRAUN R D, MANNING R M. Mars exploration entry, descent and landing challenges [C] //2006 IEEE Aerospace Conference. IEEE, 2006: 18.

[4] DUNIK J, BISWAS S K, DEMPSTER A G, et al. State Estimation Methods in Navigation: Overview and Application [J]. IEEE Aerospace and Electronic Systems Magazine, 2020, 35 (12): 16 – 31.

[5] LI Z, YANG X, SUN X, et al. Improved artificial potential field based lateral entry guidance for waypoints passage and no – fly zones avoidance [J]. Aerospace Science and Technology, 2019, 86: 119 – 131.